Luiz Gustavo Batista Ferreira

Precipitação e rendimento

Luiz Gustavo Batista Ferreira

Precipitação e rendimento

ScienciaScripts

Cover image: www.ingimage.com

This book is a translation from the original published under ISBN 978-620-6-77517-1.

Publisher:
Sciencia Scripts
is a trademark of
Dodo Books Indian Ocean Ltd. and OmniScriptum S.R.L publishing group

120 High Road, East Finchley, London, N2 9ED, United Kingdom
Str. Armeneasca 28/1, office 1, Chisinau MD-2012, Republic of Moldova, Europe
Managing Directors: Ieva Konstantinova, Victoria Ursu
info@omniscriptum.com

Printed at: see last page
ISBN: 978-620-8-58669-0

Precipitação e rendimento

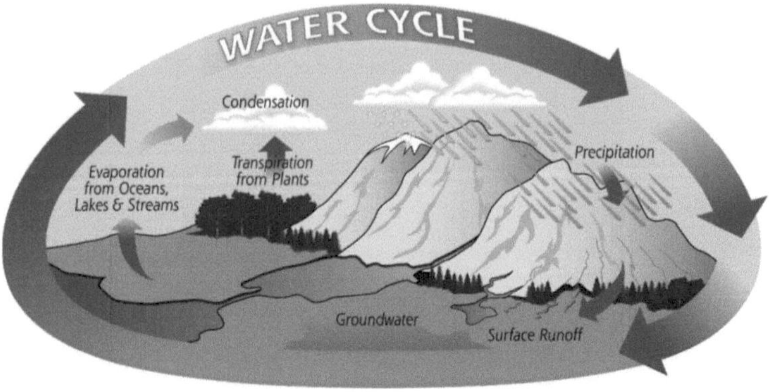
WATER CYCLE
Condensation
Evaporation
from Oceans,
Lakes & Streams
Transpiration
from Plants
Precipitation
Groundwater
Surface Runoff

| Fotos: Divulgação

De camisa azul escura, Luiz Gustavo está na foto, no dia em que foi contemplado com o título de mestre em Agricultura Conservacionista pelo Iapar. Com ele está o doutor Paulo Caramori, que é da área de agrometeorologia e orientador de Luiz Gustavo no mestrado. Parabéns!

Tags

O texto diz: Parabéns Luiz Gustavo pelo título de Mestre. Com ele, está o seu orientador, Paulo Caramori.

RESUMO

Têm vindo a ser desenvolvidas ferramentas, como os modelos de culturas, com o objetivo de explicar as grandes interações entre as culturas, a gestão das culturas e as condições meteorológicas. Estes modelos podem ajudar o agricultor a compreender as interações entre as culturas, as condições meteorológicas e a gestão das culturas, contribuindo para a tomada de decisões que minimizem as diferenças de rendimento. O objetivo geral deste livro é mensurar os modelos de simulação de culturas (MCS) CROPGRO-Soybean para avaliar as melhores estratégias de manejo das culturas, com ênfase nas datas de semeadura para impacto na produtividade da soja nos principais municípios produtores de soja, no Estado do Paraná e no Estado de Goiás e o objetivo específico será utilizar os modelos para estimar a variabilidade das mudanças climáticas e dos fenômenos climáticos ENSO e PDO. Os dados de produtividade da soja são provenientes da EMBRAPA, estes dados foram utilizados para determinar a produtividade dos campos experimentais. Será criado o mapa para mostrar as principais épocas de semeadura em cada região produtora de soja no Paraná e Goiás e comparar a data de semeadura com a data de semeadura do agricultor que ganhou o Prêmio Nacional de produtividade de soja. Os mapas foram criados utilizando o software Qgis. Para a simulação será utilizado o Sistema de Apoio à Decisão para Transferência de Agrotecnologia, para verificar a melhor época de semeadura da soja e comparar com a data de semeadura do agricultor campeão nacional de produção de soja. Os dados meteorológicos foram obtidos NASA Power considerando temperatura máxima e mínima do ar, horas efetivas de sol e precipitação pluviométrica.

Palavras-chave: Modelos agrometeorológicos. Cultura da soja. Semeadura. Tomada de decisão

ÍNDICE

1 INTRODU CÇÃO

A demanda por alimentos está aumentando em todo o mundo, associada ao aumento da população, o que pode apresentar riscos à segurança alimentar (BATTISTI, BENDER, SENTELHAS, 2018). Para esse contexto, a soja (*Glycine max* L.) possui uma importante função para o consumo humano e alimentação animal (BATTISTI, BENDER, SENTELHAS, 2018).

No contexto das mudanças climáticas globais e da segurança alimentar, as preocupações ambientais e a preservação das florestas nativas têm, corretamente, limitado a expansão agrícola, e a alternativa apropriada é o aumento da produtividade tem maior relevância, ao invés do desmatamento, para minimizar o impacto do clima sobre a produtividade das culturas no Brasil e reduzir as lacunas de produtividade, visando o atendimento da demanda de alimentos (FAO, 2013; SENTELHAS et al., 2015; AGOVINO et al., 2019; SAATH; FACHINELLO, 2018; SAMPAIO et al., 2021).

A cultura da soja é a mais importante no Brasil, sendo considerada responsável por cerca de 30 % da produção mundial em 2021 (SAMPAIO et al., 2021), cobrindo uma área de mais de 39 milhões de hectares na mesma safra (EMBRAPA, 2021; SANTOS et al., 2021).

De acordo com o USDA (2023), para a safra 2022/2023, a cultura da soja ocupou uma área de quase 44 milhões de hectares e alcançou um rendimento de 3,6 $T.ha^{-1}$. As principais áreas de produção de soja no Brasil são o Sul e o Centro-Oeste, áreas com latitudes mais altas,> 15°S, e graças ao melhoramento genético e aos avanços nos manejos agrícolas, o Norte e o Nordeste têm importante precipitação para a produção de soja no Brasil, embora sejam consideradas áreas com baixa latitude, <15°S (SAMPAIO et al., 2021). A soja é cultivada entre os meses de setembro a março (safra de primavera-verão) (FERREIRA et al.,2020).

No entanto, apesar dos recentes avanços científicos e tecnológicos e do desempenho da soja em solos com baixa fertilidade graças aos recentes avanços em cultivares, o clima é o elemento mais importante para a variabilidade do rendimento das culturas, incluindo o rendimento da soja, pois

80 % da variabilidade do rendimento vem do clima (CARAMORI et al., 2008; CALDANA et al., 2019; FERREIRA et al., 2020; CALDANA et al., 2021).

Com o objetivo de melhorar o desempenho produtivo e reduzir os riscos climáticos, a aplicabilidade de estudos sobre elementos agrometeorológicos tem sido aplicada em escala global, auxiliando o agricultor na tomada de decisão, além disso, os estudos podem reduzir os gaps de produtividade da soja (GODFRAY et al., 2010; SENTELHAS et al., 2015; MARTINS et al., 2017; CALDANA et al., 2021; FERREIRA et al., 2020). Neste contexto, Battisti et al. (2017) sugerem a melhoria das estratégias de gestão agrícola para melhorar a resiliência das culturas aos factores climáticos, mesmo em áreas consideradas de maior risco para o cultivo (HEINEMANN et al., 2016; ZANON, STRECK, GRASSINI, 2016).

Manejos apropriados das culturas são recomendados para aumentar o rendimento da soja, mesmo em áreas com maiores riscos climáticos, melhorando assim a resiliência da cultura da soja e não há necessidade de desmatamento (AGOVINO et al., 2019; SAMPAIO et al., 2021). Graças ao manejo da cultura, a soja pode ser introduzida em novos ambientes, e, nesse contexto, as datas de semeadura e o grupo de maturidade são muito importantes (SAMPAIO et al., 2021)

Para Sampaio et al. (2021), a produtividade da soja é resultado das interações dos manejos atmosférico, do solo e da cultura, assim, considerando: temperatura do ar, precipitação pluviométrica, fotoperíodo, disponibilidade hídrica no solo, densidade de plantas, data de semeadura e grupo de maturidade. Ferreira et al. (2020) sugerem que a data de semeadura da soja pode impactar a produtividade, devido aos riscos de períodos de estiagem, principalmente em novembro, no estado do Paraná, Sul do Brasil. Meotti et al. (2012) destacaram que as datas de semeadura são importantes interferentes nas relações hídricas e nas variáveis citadas, que podem interferir na produtividade das cultivares.

A quebra de produtividade da soja pode ser evitada, definindo a melhor densidade de plantas para cada combinação de data de semeadura e grupo de maturidade para o ambiente (BATTISTI, BENDER, SENTELHAS, 2018). Para esse contexto, Sampaio et al. (2021) recomendaram modelos de culturas para auxiliar o agricultor na tomada de decisão, considerando clima, grupos de maturidade, datas de semeadura e densidade de plantas

Os modelos agrometeorológicos de culturas podem auxiliar o agricultor na tomada de decisões e no planejamento agrícola, como adaptação de culturas, escolha da melhor cultivar para um determinado local, melhor época de semeadura, monitoramento de culturas, densidade de plantas, previsão e até mesmo para controle da incidência de pragas e doenças. Ferramentas, como modelos de culturas, têm vindo a ser desenvolvidas com o objetivo de explicar as grandes interações entre as culturas, a gestão das culturas e as condições meteorológicas (BATTISTI, BENDER, SENTELHAS, 2018; BATTISTI, 2016).

As chuvas são o elemento mais importante e o atributo meteorológico mais significativo nas áreas tropicais e subtropicais, onde sua distribuição variável e ocorrências de períodos extremos entre secas e chuvas em excesso (CALDANA et al., 2020; FERREIRA et al., 2020). O estudo dos fenômenos climáticos pode contribuir para melhorias na tomada de decisões socioeconômicas, minimizando impactos (CALDANA et al., 2022).

De acordo com Ferreira (2017), dentre os fenômenos climáticos responsáveis pela variabilidade das chuvas no sul do Brasil está o ENSO (El Niño Southern Oscillation). O ENSO é caracterizado pelo aquecimento ou resfriamento das águas do Pacífico Equatorial, ou seja, anomalias na TSM - Temperatura da Superfície do Mar e possui uma fase quente e uma fase fria e, além disso, a PDO (Oscilação Decadal do Pacífico). A fase quente é denominada El Niño e a fase fria, La Niña (CUNHA et al., 2001; FERREIRA, 2017) e estes fenômenos estão mais intensos devido às mudanças climáticas, assim, são importantes estudos que considerem estes fenômenos, as mudanças climáticas e como estes podem interferir no rendimento da soja e auxiliar o agricultor a escolher a melhor época de semeadura.

Os modelos de cultivo de soja têm grande importância para auxiliar na tomada de decisão do agricultor, além disso, existem estudos utilizando modelos de cultivo para a cultura da soja visando a redução de falhas de produtividade e para a densidade de plantas (BATTISTI, BENDER,

SENTELHAS, 201; SENTELHAS et al., 2015; TEIXEIRA et al., 2018; SAMPAIO et al., 2021).

É importante ressaltar que não há estudos de simulação de datas de plantio nas localidades-chave da produção de soja nos estados do Paraná e Goiás, dois importantes estados para a soja brasileira

Neste contexto, este estudo pretende utilizar a modelagem de simulação de culturas (CSM)-CROPGRO-Soybean é capaz de simular o desenvolvimento e crescimento devido aos dados de semeadura da soja, para definir as melhores estratégias considerando as datas de semeadura e o contexto dos cenários de mudanças climáticas publicados pelo IPCC, novos manejos de culturas podem ser adotados para minimizar os riscos climáticos

2 OBJETIVO ES

2.1 Generalidades

Medir os modelos de simulação de culturas (CSM) CROPGRO-Soybean para avaliar as melhores estratégias de manejo da cultura, com ênfase nas datas de semeadura para impacto na produtividade da soja nos principais municípios produtores de soja, no Estado do Paraná

2.2 Especificidades

a) Avaliar as melhores estratégias de manejo da cultura para avaliar a resposta da produtividade da soja às seguintes estratégias de manejo da cultura, como cultivares, grupos de maturidade (MG); e densidades de plantas e comparando com as produtividades das melhores produtividades do Brasil obtidas no estado do Paraná

b) Verificar a influência do ENSO e da PDO, utilizando dados de 30 anos, na produtividade da soja e como o fenômeno interfere na escolha do melhor momento para a semeadura e avaliar as falhas de produtividade decorrentes do ENSO e da PDO.

c) Utilizando os cenários do IPCC, verificar as projeções futuras que irão interferir na data de semeadura, para isso, utilizando modelagem e cenários futuros.

3. REVISÃO BIBLIOGRÁFICA

3.1 SOJA: CULTIVO E AGRÍCOLA

A soja é uma planta originária da China, pertencente à família Fabaceae, subfamília Faboideae, gênero Glycine e espécie *Glycine max* (L.) Merrill, sendo considerada uma das culturas mais antigas do mundo. A soja é a principal cultura cultivada no Brasil (FERREIRA et al., 2020).

No Brasil, a cultura da soja foi implantada em 1882. Em 1914, foi introduzida no Estado do Rio Grande do Sul, devido às condições climáticas favoráveis, principalmente o fotoperíodo. A implantação de programas de melhoramento genético da soja possibilitou o avanço da cultura para regiões com baixas latitudes (FERREIRA, 2017).

A soja é uma das espécies mais cultivadas e antigas do mundo. Tem sido conduzida com alto nível tecnológico em todas as suas operações, constituindo uma "commodity" de grande importância comercial para o desenvolvimento da agricultura brasileira, sendo cultivada em todas as regiões. Sua grande importância econômica no cenário brasileiro se deve ao seu alto volume produzido.

A fenologia da soja é admitida como vegetativa (V) e reprodutiva (R), esse parâmetro botânico é tão importante para o entendimento das interações entre planta e ambiente, para auxiliar o agricultor na tomada de decisão, por exemplo, na escolha dos melhores momentos para semeadura e até mesmo para modelos de simulações de cultivos (FERREIRA et al., 2020; SAMPAIO et al., 2021). Ferreira et al. (2020) descreve o ciclo da soja desde VE (emergência) até R8 (maturação, colheita).

Figura 1. Ciclo da soja, onde V são os estágios vegetativos e R são os reprodutivos

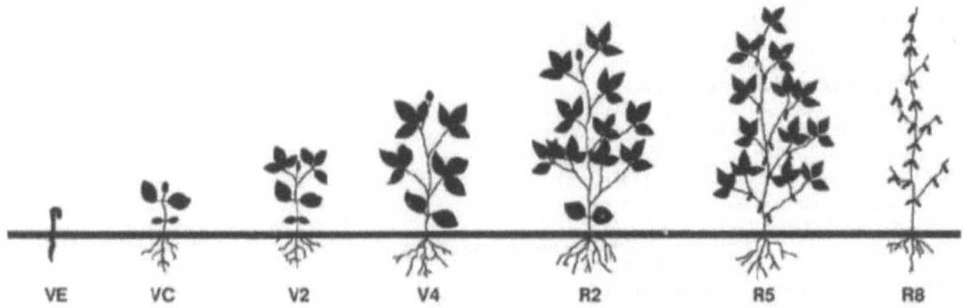

Fonte: FERREIRA, L.G.B.; CALDANA, N.F.S.; MARTELÓCIO, A.C.; COSTA, A.B.F.; NITSCHE, P.R.; CARAMORI, P.H. Variabilidade pluviométrica e análise de riscos de períodos de seca durante a safra de soja (*Glycine max* L.) no Oeste do Estado do Paraná, Brasil. **Revista Brasileira de Climatologia** v.27, p.590-611, 2020.

Para o USDA (2023) a produção de soja, na safra 2021/2022 foi de 156.000 T, cobrindo uma área de 43.900 M ha e rendimento de 3.6 T.ha. A Figura 2 mostra as produções agrícolas brasileiras.

Figura 2. Produção de Soja no Brasil.

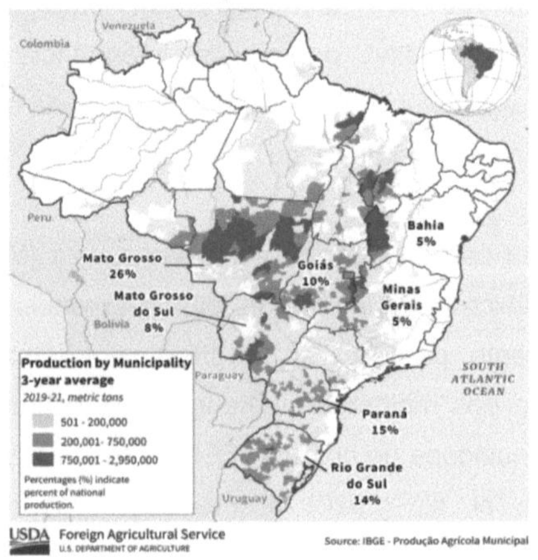

Fonte: USDA - UNITED STATES DEPARTAMENT OF AGRICULTURE: Divisão de Avaliação da Produção Internacional. Produção brasileira de soja, 2023
https://ipad.fas.usda.gov/countrysummary/Default.aspx?id=BR&crop=Soybean

De acordo com a Figura 2, a cultura da soja é cultivada em todas as regiões do Brasil, desde o Rio Grande do Sul até Roraima, na latitude da Linha do Equador. As principais regiões de cultivo da soja são o Centro-Oeste do Brasil (estados de Mato Grosso, Goiás, Mato Grosso do Sul e Sul do Brasil, especialmente os estados do Rio Grande do Sul e Paraná (SAMAPAIO et al., 2021).

O cultivo da soja em latitudes do Centro-Oeste para o Norte e Nordeste foi possível devido ao melhoramento genético para o desenvolvimento de novas cultivares (FREITAS, 2011), além disso, o manejo da cultura como adubação e correção de solos ácidos permitem o cultivo da soja no Norte/Nordeste, com participação de quase 20 % da produção nacional (SAMPAIO et al., 2021).

Outro fator preponderante que contribuiu para a expansão da soja no Brasil foi a implantação do manejo integrado de pragas, como fungicidas, controlando os principais insetos que danificam economicamente a cultura da soja (FREITAS, 2011). A Figura 3 exibe a participação de cada região no Brasil.

Figura 3. Participação da produção de soja de cada região do Brasil.

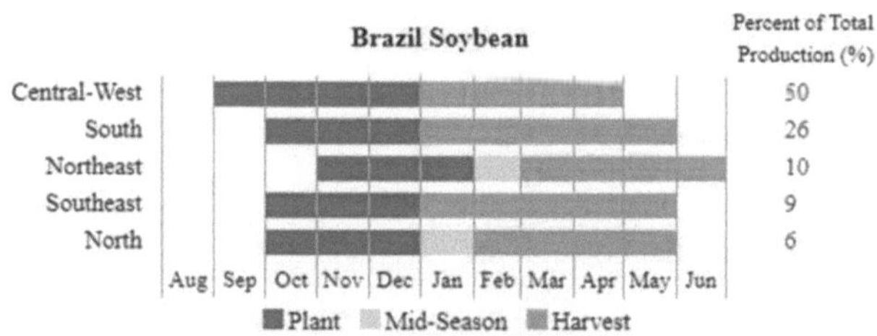

Fonte: USDA - UNITED STATES DEPARTAMENT OF AGRICULTURE: Divisão de Avaliação da Produção Internacional. Produção brasileira de soja, 2023
https://ipad.fas.usda.gov/countrysummary/Default.aspx?id=BR&crop=Soybean

A cultura da soja no Brasil possui grande valor social e econômico, devido à importância de seus produtos, principalmente o farelo, o óleo vegetal e seus derivados, destinados tanto ao mercado interno quanto ao externo, o que resulta em significativa geração de empregos nos diversos setores da economia nacional (SENTELHAS et al., 2015; FERREIRA, 2017). Para Battisti (2016) a soja em grão pode ser utilizada para produzir diversos tipos de produtos, como óleo refinado para cocção, biodiesel, farinha desengordurada, farelo para alimentação animal, proteína isolada, e, também, como alimento in natura.

O rendimento real médio (AcY) da soja no Brasil é de 3.206 kg.ha^{-1} (SANTOS et al., 2021), e esse valor representa cerca de metade do rendimento observado nos melhores campos agrícolas do Brasil (BATTISTI et al., 2018). Os autores verificaram que o rendimento da soja em nível de fazenda atingiu mais de 5.000 kg.ha^{-1}, quando avaliados 200 campos agrícolas em todo o Brasil. Esses níveis são semelhantes aos relatados pelo Global Yield Gap Atlas como um rendimento potencial para a soja no Brasil (SANTOS el al., 2021).

Em geral, a soja é cultivada durante a primavera-verão do Hemisfério Sul, entre setembro e março no Brasil, Figura 4 (FERREIRA et al., 2020). Estudos que contribuem para a tomada de decisão e estabelecem um planejamento e manejo agrícola adequado, por exemplo, o melhor momento para a semeadura, necessidades de irrigação e escolha da cultivar (PATHMESWARAN et al. 2018; WIRÉHN, 2018; SANTI et al., 2018; DE SOUSA; DE SOUZA et al., 2018; TAYT'SOHN et al., 2018; AGOVINO et al., 2019).

Figura 4. Semeadura e colheita da soja no Brasil.

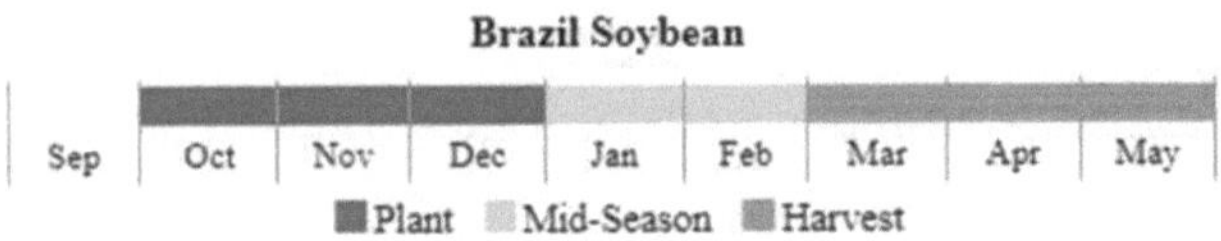

Fonte: USDA - UNITED STATES DEPARTAMENT OF AGRICULTURE: Divisão de Avaliação da Produção Internacional. Produção brasileira de soja, 2023 https://ipad.fas.usda.gov/countrysummary/Default.aspx?id=BR&crop=Soybean

A cultura da soja, assim como as demais culturas em áreas de sequeiro no Brasil, são altamente dependentes das condições climáticas, segundo Ferreira et al. (2020), mesmo com os recentes avanços científicos e tecnológicos, a variabilidade das condições meteorológicas ainda é o fator mais importante para a produtividade das culturas em áreas de sequeiro, especialmente a cultura da soja durante os estádios reprodutivos, onde a cultura requer uma quantidade necessária de água para a fisiologia da planta.

Para Sentelhas et al. (2015) o principal fator ambiental responsável por perdas de produtividade na soja de sequeiro é a seca, responsável por aproximadamente 74 % da quebra de produtividade, reduzindo a produtividade, em média, em 30 %.

Estas variabilidades de rendimentos expostas por Ferreira et al. (2020) e Sentelhas et al. (2015) em áreas de sequeiro são explicadas pelo fenómeno ENOS - El Nino Oscilação Sul (ENOS), que afeta a variabilidade da precipitação (FERREIRA, 2017).

De acordo com Ferreira (2017), dentre os fenômenos climáticos responsáveis pelas anomalias de precipitação no Sul do Brasil está o ENSO (El Niño Southern Oscillation). O ENSO é caracterizado pelo aquecimento ou resfriamento das águas do Pacífico Equatorial, ou seja, anomalias na TSM - Temperatura da Superfície do Mar e possui uma fase quente e uma fase fria, sendo que a fase quente é denominada El Niño e a fase fria, La Niña (CUNHA et al., 2001).

Anomalias de eventos pluviométricos extremos são causadas por uma circulação atmosférica denominada Hadley, influenciando a corrente de jato a uma altitude de 10.000 m, em anos de El Niño, esse jato bloqueia a atmosfera, fazendo com que frentes frias fiquem estacionadas sobre o sul do Brasil, causando excesso de chuvas no sul do Brasil. Em anos de La Niña, a célula do tipo Hadley é enfraquecida (CUNHA et al., 2001).

Normalmente, observa-se uma redução na precipitação durante a fase La Niña, enquanto um aumento ocorre durante a fase El Niño (FARIAS et al., 2007). Essa variabilidade climática tem a possibilidade de se tornar mais frequente em regiões com cenários de mudanças climáticas (LI et al., 2013; BATTISTI, 2016). Verificando a Figura 5 é possível comparar o efeito do ENOS sobre a produtividade da soja no Brasil.

Figura 5. Rendimento da soja nas safras de 2010/11 (ano neutro) (a) e 2011/12 (ano de La Niña) (b), no Brasil.

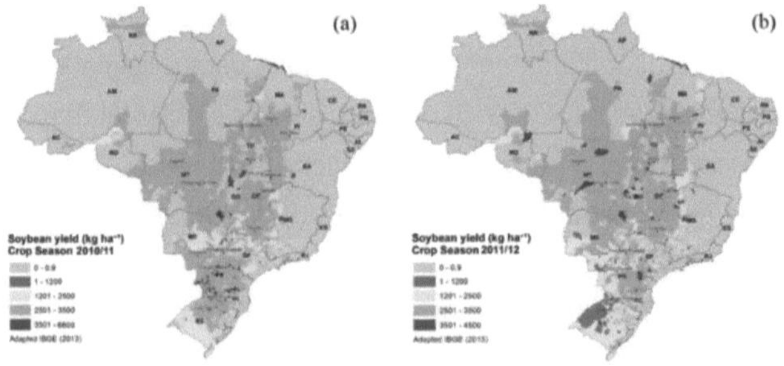

Fonte: BATTISTI, R. **Calibração, incertezas e uso de modelos de simulação da cultura da soja para avaliação de estratégias de mitigação dos efeitos das mudanças climáticas no Sul do Brasil**. Tese de Doutorado em Agronomia (Engenharia de Sistemas Agrícolas). Escola Superior de Agricultura "Luiz de Queiroz" da Universidade de São Paulo. 189 f., 2016. Disponível em em:https://www.teses.usp.br/teses/disponiveis/11/11152/tde-03102016-162340/en.php

O rendimento da soja é resultado das interações entre as condições climáticas, principalmente a precipitação pluviométrica em áreas de sequeiro e o manejo da cultura, como grupo de maturação das cultivares (MG), densidade de plantas e datas de semeadura (FERREIRA et al., 2020; SAMPAIO et al., 2021).

Ferreira et al. (2020) e Ferreira (2017) observaram que os estádios fenológicos reprodutivos foram significativamente importantes para o rendimento da soja em R2 (floração plena) ou R5 (início da semeadura). Para Cunha et al. (2001), os dois estádios críticos da cultura da soja, em relação à disponibilidade hídrica, são a partir da emergência germinativa e o pós-florescimento. Ressalta-se que esses são considerados parâmetros importantes para modelos de simulação de cultivos de soja, considerando a fenologia, a disponibilidade hídrica e o manejo da cultura (cultivares, densidade de plantas e datas de semeadura).

Nessa perspetiva, Steeke e Grabal (1997) mostraram que o rendimento da soja está diretamente relacionado com as datas de semeadura, pois os autores verificaram que a cultivar mais curta apresentou menor rendimento. O parâmetro de manejo da cultura datas de semeadura é considerado muito importante para a fenologia da cultura da soja, e para o rendimento, como consequência (RAHMAN et al., 2005; ZHANG et al., 2010; HU; WITRACK, 2012).

Auxiliar o agricultor na tomada de decisão para escolher a melhor cultivar e, principalmente, o melhor momento para a semeadura pode melhorar o crescimento e o desenvolvimento da soja, além de aumentar o potencial de rendimento (HU; WITRACK, 2012; MEOTTI et al., 2012).

Como mencionado, o clima é responsável pelo maior percentual, 80 %, da produtividade da soja em áreas de sequeiro, e os outros 20 % são referentes ao manejo da cultura, especialmente densidade de plantas, datas de semeadura e cultivares, que consideram a MG devido a esses fatores interferirem diretamente na biomassa e na época de escoamento (EGLI; CORNELIUS, 2009; HU; WITRACK, 2012; SENTELHAS et al., 2015).

Esses parâmetros são necessários para auxiliar o agricultor na tomada de decisão para tornar a soja resiliente, em áreas com baixas latitudes por exemplo, ou para decidir os melhores momentos de semeadura para evitar riscos de períodos de estiagem, no caso do estado do Paraná, chegando a 15% em novembro, com o objetivo de reduzir as quebras de produtividade devido à disponibilidade hídrica e ao manejo da cultura, assim, a semeadura nos melhores momentos pode evitar esse período durante o escoamento da soja, exibindo menos riscos de quebra de produtividade devido à água disponível (SENTELHAS et al, 2015; FERREIRA et al., 2020; SAMPAIO et al., 2021).

Parâmetros de manejo da cultura da soja, densidade de plantas, datas de semeadura e cultivares são importantes para aumentar a produtividade, em vez de desmatar, por exemplo, ou mesmo explorar áreas do Nordeste e parte do Norte do Brasil, áreas com potencial limitado de produtividade da soja devido às condições de solo e principalmente de clima , pois essas áreas estão próximas à linha do Equador (SAMPAIO et al., 2021; TEIXEIRA et al., 2019).

O manejo precisa ser adaptado às diferentes condições ambientais para reduzir os riscos associados ao clima e aos custos de produção (BATTISTI et al., 2020). Assim, práticas de manejo de culturas que podem ser utilizadas em novos ambientes para melhorar o rendimento e a resiliência das culturas, incluem datas de semeadura (HU; WIATRAK, 2012; SPEHAr, FRANCISCO,

PEREIRA, 2015) e grupo de maturidade (BATTISTI et al., 2018; TEIXEIRA et al., 2019).

Para Sampaio et al. (2021) a densidade de plantas de 40 plantas.m^2 promove maior produtividade da cultura da soja em simulações de modelos de culturas, enquanto que uma maior densidade de plantas pode promover quebras de produtividade devido a maior quantidade de doenças o que reduz o controle fitossanitário, este parâmetro é de difícil simulação e, geralmente, não são admitidos em simulações de modelos de culturas (SAMPAIO et al., 2021). Assim, o planejamento de grupos de maturidade e datas de semeadura por locais mostraram ser fatores importantes pelos diferentes padrões de resposta, o que pode ajudar a melhorar a produtividade da soja no Brasil (SAMPAIO et al., 2021).

O fotoperíodo e a temperatura exercem influência na fenologia da cultura da soja, com reflexos na altura da planta, e no rendimento potencial de produtividade da cultura (JIANG et al., 2011). Semeaduras tardias podem acarretar perdas da ordem de 30 a 50 % no rendimento de grãos, enquanto semeaduras na entressafra podem produzir defasagem de 70 %, em relação à época recomendada, assim, a adoção de épocas de semeadura que proporcionem condições àquelas exigidas pelas plantas é de extrema importância para o rendimento da soja (MEOTTI et al., 2012).

A interferência da data de semeadura na intercetação da radiação solar durante os períodos críticos para o pegamento dos grãos foi significativa e diretamente correlacionada com a produtividade da soja (ANDRADE et al., 2002).

A influência da radiação foi reduzida em cultivares de soja MG (grupo de maturação) III e IV plantadas tardiamente (EGLI; BRUENING, 2000). A biomassa final respondeu linearmente à radiação fotossinteticamente ativa interceptada acumulada até atingir 400 MJ m^{-2} e começou a diminuir com níveis de radiação superiores a 400 MJ m^{-2} (PURCELL et al., 2002). Asanome e Ikeda (2000) sugerem que, para além da radiação, as épocas de sementeira afectam a concentração de azoto nas folhas da soja.

O número de sementes por área foi significativamente correlacionado com a taxa de crescimento da cultura durante os estádios de floração (R1-R3) e de formação de vagens (R3-R5) (os números de sementes e de vagens tiveram o maior impacto no rendimento de grãos, sendo de notar que estas tendências são mais significativas para a soja indeterminada do que para a soja determinada (HU; WIATRAK, 2012). Weaver et al. (1991) constataram que esses estágios da cultura da soja foram reduzidos em datas de semeadura mais tardias, tanto para a soja indeterminada quanto para a determinada.

Heatherly (2005) relatou que a data de semeadura tardia reduziu a duração dos estágios de crescimento vegetativo e reprodutivo da soja dos grupos de maturação (MG) IV a VI. Ele também indicou que a maior diferença entre cultivares de diferentes MGs foi a duração dos estágios vegetativos (semeadura até R1) em vez dos reprodutivos (R1-R8). O ciclo mais longo (MG 8.8) foi uma estratégia melhor para baixa latitude, onde o déficit hídrico é menor e o ciclo mais longo resulta em maior rendimento potencial (BATTISTI; SENTELHAS, 2019).

O grupo de maturidade e as datas de semeadura são afetados pela interação entre o clima local e a densidade da planta sobre o rendimento devido à duração do ciclo da soja e o tempo para atingir o LAI (índice de área foliar) ideal para a intercetação máxima de SR (radiação solar) (ZDZIARSKI et al., 2018).

Os padrões de grupos de maturidade e data de semeadura por localidade ocorreram devido à duração do ciclo e ao rendimento potencial associado ao clima (BATTISTI; SENTELHAS, 2019). A duração do ciclo define a capacidade da cultura de intercetar a radiação solar e, consequentemente, o rendimento potencial (VAN ROEKEL et al., 2015).

A semeadura no melhor momento pode evitar riscos climáticos, períodos de secas no Brasil em áreas de sequeiro ou riscos de geadas nos Estados Unidos, assim, o manejo da cultura nas datas de semeadura é muito importante para a produtividade da soja e minimiza os riscos de quebra de produtividade (HU; WIATRAK, 2012). Além disso, Hu e Witrak (2012) sugeriram que a época de semeadura da soja pode interferir em outros aspectos como a temperatura do solo, principalmente em locais frios e o manejo de insetos; os autores fizeram uma correlação entre frustrações de produtividade e datas erradas de semeadura.

As datas de semeadura para as condições brasileiras variam de acordo com as regiões e cultivares, apresentando uma faixa reconhecidamente recomendável de outubro a dezembro. Observou-se, no entanto, que o mês de novembro tem proporcionado, em geral, os melhores resultados no cultivo dessa cultura de forma mais tradicional (NAKAGAWA, ROSOLEM; MACHADO, 1983).

Nakagawa, Rosolem e Machado (1983) verificaram que a época de semeadura pode afetar diferentes produções, tais como: número de vagens.m^2 (CARTER, 1974) ou por planta. Além disso, existem outros parâmetros agronômicos, como número de grãos por vagem, número de sementes.m^{-2} e peso da semente. É de salientar que estes parâmetros agronómicos podem ser utilizados em simulações DSSAT (TSUJI; HOOGENBOON; THORTON, 1998).

Weaver et al. (1991) indicaram que cultivares indeterminadas tiveram menor perda de rendimento devido ao atraso na semeadura, embora a soja determinada tenha produzido mais do que as plantas indeterminadas. A altura das plantas pode ser afetada pela data e pelo local de sementeira (PEDERSEN; LAUER, 2003). A eficiência da utilização da radiação (RUE, radiação fotossinteticamente ativa interceptada em g de matéria seca MJ^{-1}) é uma função importante da produtividade das culturas (MONTEITH, 1972).

3.2 PRODUÇÕES DE CULTURAS: TIPOS DE RENDIMENTO PARA A CULTURA DA SOJA

A produtividade da soja é resultado de grandes interações entre o manejo da cultura (datas de semeadura, densidade de plantas e grupo de maturidade das cultivares) e as condições climáticas (SAMPAIO et al., 2021). O manejo da cultura pode ser inserido em simulações de modelos de cultivo da soja para estudar as interações cultura-clima-manejo, auxiliando na redução das lacunas de produtividade (SENTELHAS et al., 2015; SAMPAIO et al., 2015).

Para Sentelhas et al. (2015) a produtividade da soja depende de fatores determinantes, limitantes e redutores, conhecidos como fator determinante: radiação solar (RS), espécie, temperatura (T), cultivar, população de plantas, densidade de plantas e datas de semeadura (SAMPAIO et al., 2021); irrigação (fatores limitantes e redutores); déficit hídrico e CSA - capacidade de retenção de água no solo (fatores limitantes) e manejo da cultura como controle de pragas/doenças e manejo do solo (fatores redutores) (FISCHER, 2015; SENTELHAS et al., 2015; SENTELHAS et al., 2016; LIU et al., 2016).

Para compreender com precisão os rendimentos da soja e suas interações climatológicas, é necessário entender os três diferentes tipos de rendimento: os rendimentos potenciais (Yp) e os rendimentos atingíveis (Ya), e o rendimento real médio (Yr) (FERMONT et al., 2009; BINDRABAN et al., 2000; VAN ITTERSUM et al. 2013; SENTELHAS et al. 2015; NENDEL et al. 2014; BATTISTI et al. 2017b).

Figura 6. Concepções de determinados factores de produção

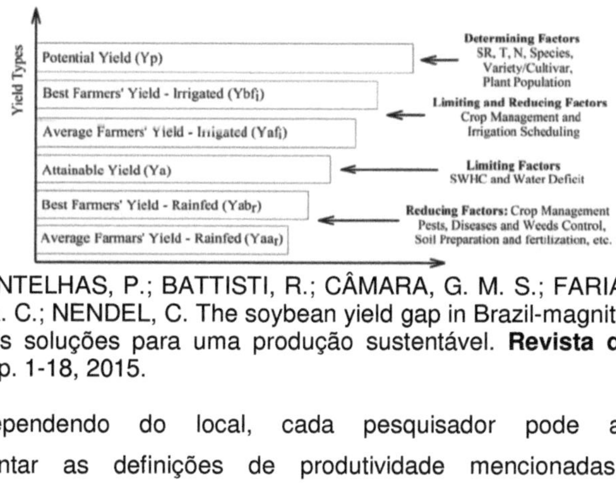

Fonte: SENTELHAS, P.; BATTISTI, R.; CÂMARA, G. M. S.; FARIAS, J. R. B.; HAMPF, A. C.; NENDEL, C. The soybean yield gap in Brazil-magnitude, causas e possíveis soluções para uma produção sustentável. **Revista de Ciências Agrárias**, p. 1-18, 2015.

Dependendo do local, cada pesquisador pode adaptar ou complementar as definições de produtividade mencionadas para um determinado experimento local ou regional, ou se o experimento é de sequeiro ou irrigado, como Sentelhas et al. (2015) expuseram na Figura 6. Os autores apresentaram definições complementares para a modelação das culturas: Melhor produtividade dos agricultores em regime de regadio (Ybf_i); produtividade média dos agricultores em regime de regadio (Yaf_i); produtividade atingível (Ya); melhor produtividade dos agricultores em regime de sequeiro (Yab_r) e produtividade média dos agricultores em regime de sequeiro (Yaa_r)

Lobell, Cassman e Field (2009) estabeleceram conceitos para o seu estudo específico: Potencial de rendimento modelado; rendimento da experiência; rendimento máximo do agricultor e rendimento médio do agricultor, assim, os pesquisadores sugeriram que isso explicasse a diferença de rendimento (YG_M), a diferença de rendimento baseada na experiência (YG_E) e a diferença de rendimento baseada no agricultor (YG_F) (LOBELL; CASSMAN; FIELD, 2009), como pode ser visto na Figura 7.

Figura 7 - Descrição concetual do rendimento médio dos agricultores e três medidas do potencial de rendimento

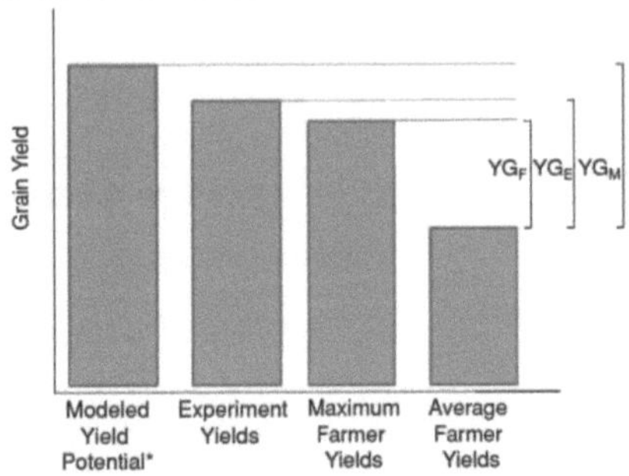

Fonte: LOBELL, D. B., CASSMAN, K. G.; FIELD, C. B. Crop yield gaps: their importance, magnitudes, and causes. **Annual Review of Environment and Resources**, v. 34, p. 179-204, 2009.

Os autores Van Ittersum et al. (2013) propuseram diferentes níveis de produções e os respectivos factores limitantes, como o rendimento potencial (Yp) limitado pelo CO_2, radiação, temperatura e caraterísticas da cultivar; limitado pela água (Yw) limitado pela água e nutrientes e o rendimento real, limitado pelas pragas/doenças das culturas.

Figura 8 - Situações de produção e níveis de rendimento (a) e a diferença entre o rendimento médio e 80 % do rendimento potencial (b)

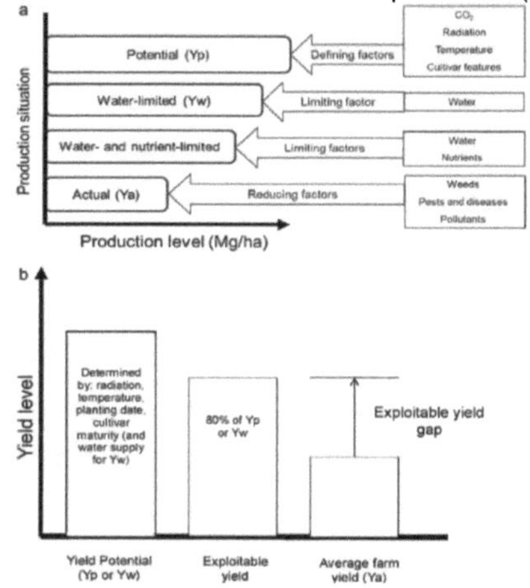

Fonte: VAN ITTERSUM, MARTIN K.; CASSMANB, K. G.; GRASSINI, P. B.; JOOST W. A.; TITTONELLI, P. C.; HOCHMAND, Z. Yield gap analysis with local to global relevance - a review. **Field Crops Research**, v. 143, p. 4-17, 2013. Acesso em: 10 sot, 2021

Segundo Van Ittersum et al. (2013), Yp é determinado unicamente pela radiação solar, temperatura, CO_2 atmosférico, interceção da radiação solar global pelo dossel da cultura e caraterísticas genéticas que governam a duração do período de crescimento da espécie nesse local.

O rendimento potencial (Yp) é definido como o rendimento máximo que uma cultura pode ter sob determinada condição climática, sem limitações hídricas e nutricionais (fatores limitantes) e ocorrência de pragas, doenças e plantas daninhas (fatores redutores), esse nível de produtividade é teórico, sendo função do material genético, população de plantas, radiação solar, fotoperíodo e temperatura do ar, que são considerados fatores determinantes (PONTI; RIJK; VAN ITTERSUM, 2012).

Fischer (2015) sugeriu que o rendimento potencial (Yp) é o rendimento biológico máximo esperado com a melhor variedade adaptada ao ambiente agrícola, a melhor gestão agrícola dos parâmetros agronómicos e a ausência de stresses bióticos e abióticos controláveis. Para Evans (1993) e Van Ittersum et al. (2013) é o rendimento de uma cultivar de cultura quando cultivada com água e nutrientes não limitantes e stress biótico efetivamente controlado.

O rendimento potencial (Yp) pode ser estimado ou determinado através de modelos de simulação, onde se assume que existe uma gestão agronómica perfeita, sem a presença de factores limitantes; ou através de experiências de campo, sendo necessário assegurar um controlo completo do ambiente para que o Yp não seja subestimado (LOBELL; CASSMAN; FIELD, 2009).

O rendimento potencial (Yp), em teoria, não depende das propriedades do solo, assumindo que a água e os nutrientes necessários podem ser adicionados através da gestão agrícola, assim, em áreas sem grandes restrições do solo, o rendimento potencial é a referência mais relevante para sistemas irrigados ou sistemas em climas húmidos com fornecimento adequado de água para evitar défices hídricos, Este parâmetro (Yp) pode ser definido como um rendimento limitado pela água (Yw), mas convém notar que o crescimento das culturas é igualmente limitado pelo abastecimento de água e, por conseguinte, influenciado pelo tipo de solo (capacidade de retenção de água e profundidade de enraizamento) e pela topografia do terreno (VAN ITTERSUM et al., 2013).

O rendimento potencial e o rendimento limitado pela água são calculados tendo em conta as datas de sementeira recomendadas, a densidade de plantação e a cultivar (que determina o período de crescimento até à maturidade). Além disso, as datas de sementeira e a maturidade da cultivar são especificadas para se adaptarem ao sistema de cultivo, porque o "contexto" do sistema de cultivo é extremamente importante para a duração do crescimento, particularmente em ambientes tropicais e semi-tropicais onde são produzidas duas ou mesmo três culturas por ano na mesma área (VAN ITTERSUM et al., 2013).

O rendimento atingível (Ya) representa o rendimento que se pode obter utilizando a tecnologia e as técnicas de gestão mais conhecidas atualmente, num determinado momento e num determinado ecossistema. Este tipo de rendimento pode ser estimado através de modelos de simulação de culturas, que utilizam dados climáticos e de culturas para estimar o crescimento, o desenvolvimento e o rendimento (LOBELL; CASSMAN; FIELD, 2009; BHATIA et al., 2008; SENTELHAS et al., 2015; LIU et al., 2016). O rendimento atingível (Ya) representa a diferença entre os rendimentos médios e 80 - 85 % do rendimento potencial (Yp) (LIU et al., 2016).

Como os dados meteorológicos variam durante o ano, o rendimento potencial (Yp) e o rendimento atingível (Ya) também variam, de acordo com a data de implantação da cultura, o que torna esses rendimentos também dependentes do local e da data de plantio (VAN ITTERSUM et al., 2013).

Além disso, a população de plantas escolhidas também afeta diretamente suas caraterísticas produtivas, devido às suas interações para acumular matéria seca (DUARTE, 2018). Esse acúmulo de massa e produtividade será máximo quando for possível que a população cubra o solo de forma a intercetar a máxima quantidade de radiação solar em um menor período de tempo (LOBELL; CASSMAN; FIELD, 2009).

Bindraban et al. (2000) sugeriram que o rendimento real do agricultor (Yr) é obtido em função da eficiência da gestão nutricional, pragas, doenças, ervas daninhas e preparação do solo (factores de redução da produção), e é também uma função das condições biofísicas e socioeconómicas da região de cultivo.

Para esse contexto, o nível tecnológico empregado pelos agricultores torna-se decisivo para definir o nível de rendimento da soja a ser obtido. Assim, para que a cultura tenha o máximo rendimento no ambiente de produção em que está inserida, é fundamental que os fatores que limitam e reduzem sua produção (água, nutrientes, manejo de pragas, doenças e plantas daninhas) não sejam negligenciados (SENTELHAS et al., 2016).

Pragas e doenças devem ser consideradas no manejo da cultura (TAKATSU; FUKUDA, 1990 FIALHO et al., 2001 SCHIMITT, 2002 ALBUQUERQUE et al., 2008). Este parâmetro (pragas e doenças de plantas) não foi considerado nos modelos de simulações de culturas feitos por Sampaio et al.(2021). Segundo os autores, o resultado de seu modelo de simulação de culturas (CSM) para a cultura da soja não considerou a incidência de pragas e doenças, mas eles apontam que a maior densidade de plantas pode fazer com que haja incidência de problemas fitossanitários para a cultura da soja.

O diferencial de rendimento (Yg), conceito com importância fundamental para a modelação das culturas, é a diferença entre o rendimento médio e o rendimento real do agricultor (Yr) (LOBELL; CASSMAN; FIELD; SENTELHAS et al., 2015) ou simplesmente a diferença entre o rendimento potencial (Yp) e o rendimento médio real (Yr) obtido pelo agricultor (SENTELHAS et al., 2015).

O primeiro passo para mitigar as falhas de produtividade da cultura da soja é identificar cultivares de melhoramento com resistência ou não ao déficit hídrico (LEHMANN et al., 2013). Caraterísticas das cultivares, como um sistema radicular mais profundo e denso (BORTOLUZZI et al., 2014), podem ser úteis no contexto da conservação da água no solo (SINCLAIR et al., 2007; SINCLAIR et al. 2008; GILBERT et al., 2011), portanto, cultivares reprodutoras são de maior relevância para aumentar a produção das culturas.

Para compreender a variabilidade na produção das culturas devido ao défice hídrico ou à gestão das culturas, é necessário compreender o conceito de diferença de rendimento (Yg) (SENTELHAS et al., 2015). O hiato de produtividade é a diferença entre diferentes tipos de produtividade para uma condição específica considerando escalas espaciais e temporais. Sentelhas et al. (2015) apontaram algumas considerações importantes sobre a existência de diferentes tipos de hiatos de produtividade, por exemplo, o hiato de produtividade total e o hiato de produtividade devido ao manejo da cultura (SENTELHAS et al., 2016).

O défice de produção total (YG_T), que considera todos os factores determinantes, limitantes e redutores referidos por Sentelhas et al. (2015), é a diferença entre a produção potencial (Yp) e a produção média real do agricultor (Yr). O hiato de produtividade (YG_{WD}) que considera apenas o déficit hídrico é a diferença entre a produtividade potencial (Yp) e a produtividade atingível (Ya) e, por fim, o limite de produtividade (YG_M) causado pelo manejo da cultura é a diferença entre a produtividade atingível (Ya) e a produtividade média real do agricultor (Yr) (SENTELHAS et al., 2015).

A PGJ, como mencionado, refere-se às quebras de produtividade causadas pelo manejo da cultura. Para isso, Sampaio et al. (2021) apontaram como principais práticas agrícolas para o manejo da cultura a densidade de plantas, as cultivares (considerando o grupo de maturação da soja) e as datas de semeadura da cultura da soja (TEIXEIRA et al., 2019; SAMPAIO et al., 2021).

A diferença de produtividade (Yg) pode ser devida ao déficit hídrico ($YG_{WD} = Yp - Ya$) e atribuída ao manejo agrícola adotado na cultura ($YG_M = Ya - Yr$) (FISCHER, 2015; LIU et al., 2016).

Esses conceitos com tipos de rendimentos são importantes para reduzir as lacunas de rendimento da cultura da soja, dando estratégias importantes para aumentar o rendimento da soja, usando menos área possível, no contexto das mudanças climáticas e segurança alimentar, ou criando resiliência da soja para novos ambientes (LOBELL; CASSMAN; FIELD, 2009; SENTELHAS et al., 2015; SAMPAIO et al., 2021).

3.3 SIMULAÇÕES DE MODELAÇÃO DE CULTURAS

Na agricultura, as grandes vantagens e importância dos modelos de simulação de culturas, são a possibilidade de avaliar experimentos em macro escala, como é o propósito desta Tese e Battisti (2016) e Battisti, Bender e Sentelhas (2019) fizeram em seus estudos. Uma vez determinadas as áreas dos experimentos, são necessárias a calibração e a validação do modelo (JONES et al., 2003; EGLI; CORNELIUS, 2009; HUNT; BOOTE, 1998).

Os modelos de simulação de culturas são ferramentas para estimar o desenvolvimento, crescimento e produtividade das culturas e, além disso, tem como objetivo avaliar a influência das condições meteorológicas na produção das culturas, apresentando resultados confiáveis, considerados como uma ferramenta notável para auxiliar o agricultor na tomada de decisão e na redução de lacunas de rendimento (REYNOLDS, 1979; MONTEIRO; SENTELHAS, 2014; MARTINS, 2012; BATTISTI, 2016; BATTISTI, BRENDER, SENTELHAS, 2019).

A compreensão das simulações de modelagem de culturas é considerada uma estratégia fundamental associada à adoção do melhor manejo das culturas para tornar as culturas resilientes, principalmente em áreas com maiores riscos climáticos (BATTISTI et al., 2018; BATTISTI et al., 2017a; DO RIO et al., 2015; HEINEMANN et al., 2016; ZANON et al., 2016).

O desenvolvimento de modelos aplicados a culturas já começou há pelo menos 65 anos (JOYCE; KICKERT, 1987). Peart e Barret (1976) apresentaram um estudo pioneiro em modelagem de culturas; alguns anos depois, os autores Sakamoto e LeDuc (1981) mostraram um panorama do desenvolvimento histórico de modelos de parâmetros meteorológicos de culturas. Getz e

Gutierrez (1982) descrevem alguns trabalhos históricos sobre a modelação aplicada à fisiologia vegetal e o seu impacto na teoria ecológica, na biologia das populações e no desenvolvimento de novas técnicas de gestão de recursos e de modelação de agroecossistemas.

Alguns anos mais tarde, o programa DSSAT, Sistema de Apoio à Decisão para a Transferência de Agrotecnologia, foi lançado pela primeira vez em 1998 e o programa é utilizado para estimar a produção, a utilização de recursos e os riscos associados a diferentes práticas de produção de culturas e com o objetivo principal de ajudar o agricultor na tomada de decisões complexas no terreno (TSUJI; HOOGENBOON; THORTON, 1998).

O programa DSSAT, é utilizado para simular produções de culturas para verificar, por exemplo, a melhor época de semeadura (BATTISTI, BENDER; SENTELHAS, 2019). Para esse contexto, o DSSAT pode ser aplicado, por exemplo, à cultura da soja (SENTELHAS et al., 2015).

Battisti, Brender, Sentehas (2019) utilizaram o Sistema de Transferência de Agrotecnologia (DSSAT) para a modelagem da soja no Brasil, segundo os autores, o uso do DSSAT pode estar transformando informações em conhecimento útil para aplicação na agricultura, além disso, mostrando significativa contribuição para avanços científicos e tecnológicos (BATTISTI, BENDER; SENTELHAS, 2019).

Para a simulação deste estudo foi utilizado o Sistema de Apoio à Decisão para Transferência de Agrotecnologia - DSSAT, para verificar a melhor época de semeadura da soja e comparar com o agricultor campeão nacional de produtor de soja.

O DSSAT é utilizado para estimar a produção, a utilização dos recursos e os riscos associados a diferentes práticas de produção vegetal e tem como objetivo principal ajudar o agricultor na tomada de decisões complexas no terreno, apresentando modelos de simulação de culturas-solo, bases de dados para o clima, o solo e as culturas, e programas de avaliação de estratégias e fornece um quadro para a cooperação científica através da investigação para melhorar as suas capacidades e aplicá-las a questões de investigação (TSUJI; HOOGENBOON; THORTON, 1998).

A utilidade deste sistema depende da capacidade dos modelos de culturas para fornecer estimativas realistas do desempenho das culturas para uma vasta gama de condições ambientais e de gestão e da disponibilidade dos dados necessários para operar os modelos e pode ser aplicado independentemente da localização, estação do ano e práticas agrícolas e os investigadores de todo o mundo podem utilizar o DSSAT para simulação e ajudar os agricultores a tomar decisões (TSUJI; HOOGENBOON; THORTON, 1998).

A primeira versão do DSSAT (V2.1, IBSNAT 1989) continha modelos das quatro culturas seguintes: milho (CERES-Maize V2.1O), trigo (CERES-Wheat V2.1O;), soja (SOYGRO V5.42) e amendoim (PNUTGRO V1.02).

Os modelos para a soja, o amendoim e o feijão seco foram programados em códigos informáticos separados, designados respetivamente por SOYGRO, PNUTGRO e BEANGRO (HOOGENBOOM et al., 1992). Devido à sua semelhança e à dificuldade de manter códigos separados para cada um deles, os autores reuniram os modelos num único conjunto de códigos informáticos (HOOGENBOOM et al., 1994, BOOTE et al., 1997) para utilização no DSSAT v3. Estes modelos são agora designados por CROPGRO-Soybean, CROPGRO-Peanut e CROPGRO-Dry Bean, para a soja, o amendoim e o feijão seco, respetivamente (HOOGENBOOM et al., 1994).

Os modelos simulam o momento em que os estádios fenológicos são afectados pela temperatura e pela duração do dia. A produção de matéria seca é calculada por modelos diários ou horários de fotossíntese da copa das árvores. A partição da matéria seca é baseada em relações fonte-dreno durante o crescimento vegetativo inicial e durante o crescimento reprodutivo. A partição durante a fase vegetativa posterior baseia-se em funções empíricas que variam consoante a cultura. Os ficheiros de dados específicos das culturas fornecem coeficientes que caracterizam as respostas funcionais de cada cultura ao seu ambiente. Os ficheiros de dados específicos da cultivar fornecem coeficientes para simular a resposta de diferentes cultivares ao ambiente. Por exemplo, os coeficientes específicos da cultivar quantificam a reação ao fotoperíodo e à temperatura de uma cultivar, bem como as caraterísticas do crescimento vegetativo e reprodutivo (TSUJI; HOOGENBOON; THORTON, 1998).

Battisti, Brender, Sentehas (2019) utilizaram o Sistema de Transferência de Agrotecnologia (DSSAT), utilizado por Jones et al. (2003), para a modelagem da soja no Brasil. Após esse procedimento, eles calibraram o modelo de cultivares brasileiras, uma vez utilizado por Battisti et al. (2017b), com o modelo apresentando um erro quadrático médio abaixo de 550 $kg.ha^{-1}$ de rendimento de soja para as fases de calibração e validação. Em seguida, trabalharam com a evapotranspiração de referência estimada pelo método Penman-Monteith FAO 56 (ALLEN et al. 1998); infiltração de água no solo definida pelo número da curva do solo (SOIL CONSERVATION SERVICE 1972); balanço hídrico do solo determinado pelo método Ritchie tipping-bucket (RITCHIE, 1998); evaporação do solo estimada por Suleiman-Ritchie (SULEIMAN; RITCHIE 2003); e resposta da fotossíntese ao nível da folha de Boote e Pickering (1994).

Vários autores aplicaram as simulações de modelagem de culturas em seus estudos e tiveram resultados e conclusões satisfatórias para auxiliar o agricultor na tomada de decisão (DALLACORT et al., 2008; BATTISTI; SENTELHAS, 2014; SINCLAIR et al, 2010; BOOTE, 2011; WHITE et al., 2011; NENDEL et al., 2014; DO RIO et al., 2015; SENTELHAS et al., 2015; BATTISTI, 2016; FISCHER, 2015; BATTISTI et al.,2017b; BATTISTI; BRENDER; SENTELHAS., 2019).

Portanto, as simulações de modelagem de culturas são consideradas mecanismos de transformação de informações em conhecimentos úteis para aplicação na agricultura, além disso, apresentam significativa contribuição para os avanços científicos e tecnológicos, visando compreender as interações entre as simulações de modelagem de culturas e as produções das culturas no campo (DOURADO NETO et al., 1998; SENTELHAS et al., 2015; BATTISTI, BENDER; SENTELHAS, 2019).

Esta simulação baseada em variáveis agrometeorológicas contribui para o entendimento do acúmulo de biomassa pelas plantas em seus diferentes estágios fenológicos, pois considera os impactos das condições climáticas (ASSAD et al.,2007; POPP et al., 2003).

O programa DSSAT é uma ferramenta notável para ser utilizada em experiências que contribuam para a ciência e nos campos, ajudando na tomada de decisões, o utilizador, no entanto, deve ter cuidado com o procedimento metodológico para obter os dados necessários (FERREIRA; DAPPER, 2023)

Os modelos favorecem a simulação de muitos processos no solo e na cultura, a fim de fornecer informações para a análise da sustentabilidade dos recursos naturais com aumento do rendimento (BOWEN et al., 1993). De acordo com Oliveira et al. (2012), a aplicação de modelos de simulação economiza tempo, trabalho e quantidade de recursos, trazendo benefícios para os agricultores e para as produções das culturas.

Zhang, Walker e Davis (2002) classificaram os modelos de acordo com a sua complexidade, do mais simples ao mais complexo, consoante a quantidade de informação a introduzir. Devido à classificação da complexidade dos modelos, ocorrem erros relacionados com cada um deles: erros sistemáticos, caraterísticos de modelos simples, e erros de calibração resultantes de modelos mais complexos. No entanto, Palosuo et al. (2011) concluíram que não existe "erro de programa" ou mesmo "melhor modelo", mas os resultados errados são provenientes dos dados de entrada e da interpretação.

A demanda de grãos de soja está aumentando constantemente em função do crescimento populacional; assim, é necessário melhorar a produção, principalmente pelo aumento do rendimento, de forma sustentável (SENTELHAS et al., 2015). Nesse contexto, os modelos de culturas podem auxiliar na avaliação das melhores estratégias para atingir esse objetivo, desde que sejam capazes de avaliar as melhores datas de semeadura (BATTISTI; SENTELHAS, 2014), os efeitos das mudanças climáticas sobre o rendimento, identificar caraterísticas de tolerância à seca, bem como muitas outras possibilidades (BATTISTI, 2016).

Diferentes modelos de culturas têm sido desenvolvidos e avaliados para a cultura da soja utilizando dados de regiões específicas e escalas de campo. Além da parametrização dessas regiões, esses modelos de cultura diferem na forma e no nível em que simulam processos dinâmicos, como balanço hídrico e crescimento e desenvolvimento da cultura (WHITE et al., 2011), gerando incertezas relacionadas aos parâmetros e à estrutura do modelo (PALOSUO et al., 2011). É importante ressaltar que o nível de complexidade do modelo não está relacionado com a precisão dos resultados (SENTELHAS, 2011), uma vez que modelos simples bem calibrados podem ser tão precisos quanto os complexos.

Os modelos complexos de culturas têm mais detalhes na descrição de todos os processos da cultura, o que aumenta o número de usos possíveis para avaliar o desenvolvimento e o rendimento da cultura, e a influência do manejo da cultura nessas variáveis (BATTISTI, 2016). Por exemplo, o modelo CROPGRO integra os balanços de carbono, azoto e água nos processos de crescimento (BOOTE et al., 2003). Essas caraterísticas associadas a outros processos importantes, como a relação entre fotossíntese e [CO_2], tornam os modelos capazes de simular a produtividade da soja para diversas condições, inclusive sob cenários climáticos futuros (BOOTE et al., 1997; ALAGARSWAMY et al., 2006). Sob esse ponto de vista, é importante conhecer o nível de interação entre os diferentes processos nos modelos de culturas, identificando pontos limitantes e possibilidades de simulações com cada um deles (BATTISTI, 2016).

Os modelos de simulações permitem um melhor entendimento dos componentes das produções das culturas e seus fatores limitantes e redutores, como mencionado anteriormente nesta Tese, além disso, possibilitam uma melhor visualização dos componentes do sistema agrícola de produção, de forma a gerar resultados que permitam ações para o planejamento agrícola, como o monitoramento das culturas ao longo da estação de crescimento e em diversos níveis, como a seleção de cultivares, épocas de plantio, planejamento do uso de máquinas agrícolas, entre outros (BATTISTI; BENDER; SENTELHAS, 2019).

De acordo com Dourado Neto et al. (1998), a análise estatística é uma das mais utilizadas para ajustar modelos matemáticos ou uma curva aos dados experimentais. Por ser a técnica mais simples de modelagem, tem sido utilizada desde o início do século. Modelos ajustados por regressão têm sido utilizados para prever os efeitos na produtividade das culturas de estratégias de manejo, como aplicação de fertilizantes e variação de densidades de plantio/semeadura.

Assim, os modelos de simulação podem apresentar aplicações que consideram desde a semeadura até a colheita, o que auxilia na tomada de decisão de agricultores e instituições governamentais. (RITCHIE 1998; HOOGENBOOM, 2000; GEDANKEN et al., 1998; BATTISTI; BENDER; SENTELHAS, 2019).

Como mencionado, os modelos de simulação de culturas podem ser utilizados para diversos fins, sendo uma importante ferramenta para escolher as melhores estratégias de manejo agrícola em diferentes locais (WHITE et al., 2011). Além disso, eles podem ser aplicados para determinar as melhores datas de semeadura ou plantio (DALLACORT et al., 2008; BATTISTI; SENTELHAS, 2015); as melhores cultivares com tolerância à seca para uso em experimento (BOOTE et al., 2003; LI et al., 2013; BAO et al., 2015; SINCLAIR et al., 2010; BOOTE, 2011) e o manejo da irrigação nos experimentos de campo (DOGAN et al., 2007).

A gama de aplicabilidade da modelagem de simulação é grande, como por exemplo, cenários de mudanças climáticas e análise de yield gap na cultura da soja (MATTHEWS et al., 2013; EWERT et al., 2015; SENTELHAS et al., 2015). Compreender os experimentos de campo e seus componentes de produções de produtos e manejos agrícolas, ajuda o pesquisador a observar corretamente o que os modelos de simulações mostram (BATTISTI, 2016).

Os aspectos provenientes das plantas também são relevantes para simulações de modelagem de culturas. Programas de melhoramento genético podem introduzir novas cultivares com maior tolerância à seca, por exemplo (SINCLAIR et al., 2010) e o uso de estratégias de manejo da cultura para reduzir o hiato de produtividade, como uso de implantação de sistema de irrigação (NENDEL et al., 2014), adoção de novas datas de semeadura (DO RIO et al., 2015), grupos de maturidade (KUMAGAI; SAMESHIMA, 2014) e densidades de plantas (VAZQUEZ et al., 2014).

Além disso, uma cultivar melhorada pode ser desenvolvida ajustando e adaptando a cultura ao ambiente (GILBERT et al., 2011). Por exemplo, as cultivares com maior resistência à temperatura e às secas podem ser úteis para reduzir a diferença de rendimento (BOOTE, 2011).

De acordo com Sampaio et al. (2021) o manejo da cultura da soja é essencial para modelos, como os modelos de simulação de culturas oy soja (CSM soja), como associação de áreas de irrigação ou sequeiro, população de plantas, densidade de plantas e datas e densidade de semeadura (KUSS et al.,2008; NENDEL et al., 2014; SAMPAIO et al., 2021).

REFER ENCES

AGOVINO, M. et al. Agricultura, alterações climáticas e sustentabilidade: O caso da UE-28. **Ecological Indicators**, Ecological Indicators, v. 105, p. 525-543, 2019.

ANDRADE, F.H., P. CALVINO, A. CIRILO, E P. BARBIERI. Respostas de produtividade a fileiras estreitas dependem do aumento da intercetação de radiação. **Agron. J**. 94:975-980, 2002. doi:10.2134/agronj2002.0975

AGUIAR, E. B. **Produção e qualidade de mandioca de mesa (*Manihot esculenta* Crantz) em diferentes densidades populacionais e épocas de colheita.** 2003, 90 f. Dissertação (Mestrado em Agricultura Tropical e Subtropical) Instituto Agronômico de Campinas - IAC, Campinas, 2003.

ALBUQUERQUE, J. A. A.; SEDIYAMA, T.; SILVA, A. A.; CARNEIRO, J. E. S.; CECON, P. R.; ALVES, J. M. A. Interferência de plantas daninhas sobre a produtividade da mandioca (*Manihot esculenta*). **Planta Daninha**, Viçosa, v. 26, n. 2, p. 279-289, 2008.

ALLEN, R.; PEREIRA, L. S.; RAES, D.; SMITH, M. Crop evapotranspiration: guidelines for computing crop water requirements. **FAO Irrigation and Drainage Paper**, Roma, v. 56, p. 377-384, 1998.

ASANOME, N.;T. IKEDA. 2000. Efeito da diferença de interceção da luz na soja na concentração de azoto nas folhas, na acumulação de azoto e no azoto divisão em cápsulas. **Jpn. Jpn. Crop. Sci**. 69:201-208, 2000. doi:10.1626/jcs.69.201

ASSAD, E. D.; MARIN, F. R.; EVANGELISTA, S. R.; PILLAU, F. G.; FARIAS, J. R. B. F.; PINTO, H. S.; ZULLO JUNIOR, J. Sistema de previsão da safra de soja para o Brasil. **Pesquisa Agropecuária Brasileira**, v. 42, n. 5, p. 615-625, 2007.

BAO, Y.; HOOGENBOOM, G.; MCCLENDON, R.W.; PAZ, J.O. Adaptação potencial estratégias para a produção de soja de sequeiro no sudeste dos EUA sob mudanças climáticas com base no modelo CSM-CROPGRO-Soybean. **Journal of Agricultural Science**, Cambridge, v. 153, p. 798-824, 2015.

BATTISTI, R.; SENTELHAS, P. C.; PILAU, F. G. Eficiência agrícola para as culturas da produção de soja, milho e trigo no Estado do Rio Grande do Sul entre 1980 e 2008. **Ciência Rural**, Santa Maria, v. 42, n. 1 p. 24-30, 2012.

BATTISTI, R.; SENTELHAS, P. C.; PILAU, F. G.; WOLLMANN, C. Eficiência climática para as culturas da soja e do trigo no Estado do Rio Grande do Sul em diferentes datas de semeadura. **Ciência Rural**, Santa Maria, v. 43, n. 3, p. 390-396, 2013.

BATTISTI, R.; SENTELHAS, P. Tolerância à seca de cultivares brasileiras de soja simuladas por um modelo agrometeorológico simples de rendimento. **Agricultura Experimental,** v. 51, n. 2, p. 285-298, 2015.

BATTISTI, R. **Calibração, incertezas e uso de modelos de simulação da cultura da soja para avaliação de estratégias de mitigação dos efeitos das mudanças climáticas no Sul do Brasil**. Tese de Doutorado em Agronomia (Engenharia de Sistemas Agrícolas). Escola Superior de Agricultura "Luiz de Queiroz" da Universidade de São Paulo. 189 f., 2016. Disponível em em:https://www.teses.usp.br/teses/disponiveis/11/11152/tde-03102016-162340/en.php

BATTISTI, R.; SENTELHAS PC. Melhoria da resiliência da soja à seca através do sistema radicular profundo no Brasil. **Agronomy Journal** 109(4):1612-1622, 2017. https://doi.org/10.2134/agronj2017.01.0023

BATTISTI. R.; SENTELHAS P.C.; BOOTE, K.J. Intercomparação do desempenho de modelos de simulação da cultura da soja e seu conjunto no sul do Brasil. **Field Crop Research** 200:28-37, 2017. https://doi.org/10.1016/j.fcr.2016.10.004

BATTISTI, R.; BENDER, F.D.; SENTELHAS, P.C Avaliação de diferentes dados meteorológicos em grade para simulações de produtividade de soja no Brasil. **Theoretical and Applied Climatology** 135, 237-247 (2019). https://doi.org/10.1007/s00704-018-2383-y

BHATIA, V.; SINGH, P.; WANI, S. P.; CHAUHAN, G. S.; RAO, A. V. R. K.; MISHRA, A. K.; SRINIVAS, K. Análise dos rendimentos potenciais e das lacunas de rendimento da soja de sequeiro na Índia utilizando o modelo CROPGRO-Soybean. **Agricultural and forest meteorology,** v. 148, n. 8-9, p. 1252-1265, 2008.

BINDRABAN, P.; STOORVOGEL J. J.; JANSEN D. M.: VLAMING, J.; GROOT, J. J. R. Indicadores de qualidade das terras para uma gestão sustentável das terras: método proposto para o diferencial de rendimento e o balanço de nutrientes do solo. **Agriculture, Ecosystems & Environment,** v. 81, n. 2, p. 103-112, 2000.

BOOTE, KJ., PICKERING, N.B. Modelação da fotossíntese de coberturas de culturas em linha. **Horticulture Science** v. 29:1423-1434, 1994.

BOOTE K J, JONES J W, HOOGENBOOM G, WILKERSON G G. Evaluation of the CROPGROSoybean model over a wide range of experiments. Pages 113-133 in Teng P S, Krop/f M J, 175 ten Berge H F M, Dent J B, Lansigan F P, van Laar H H (eds.) Applications of Systems Approaches at the Field Level, volume 2. **Kluwer Academic Publishers**, Londres, Reino Unido, 1997.

BOOTE, K.J.; JONES, J.W.; BATCHELOR, W.D.; NAFZIGER, E.D.; MYERS, O. Genetic coefficients in the CROPGRO-Soybean model: link to field performance and genomics. **Agronomy Journal**, Madison, v. 95, p. 32-51, 2003.

BOOTE, K.J. Improving soybean cultivars for adaptation to climate change and climate variability (Melhoramento de cultivares de soja para adaptação às alterações e à variabilidade climáticas). In: YADAV, S.S.; REDDEN, R.J.; HATFIELD, J.L.; LOTZE-CAMPEN, H.; HALL, A.E. **Crop adaptation to climate change**. West Sussex: Wiley-Blackwell, 2011. p. 370-395.

BOWEN, W. T.; JONES, J. W.; CARSKY, R. J. QUINTANA, J. O. Evaluation of the nitrogen submodel of Ceres-Maize following legume green manure incorporation. **Agronomy Journal**, Madison, v. 85, n. 1, p.153-159, 1993.

CAMARGO, A. P.; SENTELHAS, P. C. Avaliação do desempenho de diferentes métodos de estimativa da evapotranspiração potencial no Estado de São Paulo. **Revista Brasileira de Agrometeorologia**, Santa Maria, v. 5, n. 1, p. 89-97, 1997.

CALDANA et al. 2019. Zoneamento de Risco Agroclimático do Abacateiro (*Persea americana*) na Bacia Hidrográfica do Rio Paraná III, Brasil. **Agricultura**, v.9, 2019 https://www.mdpi.com/2077-0472/9/12/263

CALDANA et al. 2021. Zoneamento de Risco Agroclimático para a cultura da uva na Bacia do Rio Paraná III. **Revista Amazonense de Ciências Agrárias e Ambientais**. v. 64, 2021

CALDANA et al. 2022. Análise da precipitação de um verão indiano no estado do Paraná, Brasil - estudo de caso em abril de 2021. **Revista Brasileira de Climatologia**. Dourados, v.31, Acesso Aberto, 24 p, 2022

CARAMORI, P. H. et al. Zoneamento agroclimático para o pessegueiro e a nectarineira no Estado do Paraná. **Revista Brasileira de Fruticultura**, v. 30, n. 4, p. 1040- 1044, 2008.

CARTER, O.G. Análise detalhada do rendimento do efeito de diferentes datas de plantação em sete variedades de soja. **Iowa State Journal**. 48:291-310, 1974.

CESB. Comitê Estratégico Soja Brasil, 2023. Disponível em: https://www.cesbrasil.org.br/

CINTRA, P.H.M. Variabilidade espacial e qualidade na semeadura de soja. **Braz. Ap. Sci. Rev**, Curitiba, v. 4, n. 3, p. 1206-1221 mai./jun. 2020

CUNHA, et al. Zoneamento agrícola e época de semeadura para soja no Rio Grande do Sul. **Revista Brasileira de Agrometeorologia**, Passo Fundo, v.9, n.3, (No Especial: Zoneamento Agrícola), p.446-459, 2001

DALLACORT, R.; FREITAS, P.S.L.; FARIA, R.T.; GONÇALVES, A.C.A.; REZENDE, R.; BERTONHA, A. Utilização do modelo Cropgro-soybean na determinação de melhores épocas de semeadura da cultura da soja, na região de Palotina, Estado do Paraná. **Ata Scientiarum Agronomy**, Maringá, v. 28, p. 583-589, 2008.

DOORENBOS, J.; KASSAM, A. H. Resposta da produção à água. FAO Irrigation and Drainage Paper. n. 33. Rome: FAO, 1979. 193 p.

DOORENBOS, J.; KASSAM, A. H. **Efeito da água no rendimento das culturas**. Campina Grande: UFPB, 1994. 306 p.

DO RIO A, SENTELHAS, P.C.; FARIAS J.R.B.; SIBALDELLI RNR.; FERREIRA RC (2015). Datas alternativas de semeadura como medida de mitigação para reduzir os impactos das mudanças climáticas no rendimento da soja no sul do Brasil. **International Journal of Climatology** 36(11):3664-3672. https://doi.org/10.1002/joc.4583

DOURADO NETO, D.; TERUEL, D.A.; REICHARDT, K.; NIELSON, D.R.; FRIZZONE, J.A.; BACCHI, O.O.S. Princípios de modelagem e simulação de culturas: As implicações do objetivo no desenvolvimento de modelos. **Scientia Agricola**, v.55, p.51-57, 1998.

EGLI, D.B.; W.P. BRUENING. Potencial de cultivares de soja de maturação precoce em plantios tardios. **Agron. J**. 92:532-537, 2000. doi:10.2134/agronj2000.923532x

EGLI, D.B.; CORNELIUS, P.L. A regional analysis of the response of soybean yield to planting date. **Agronomy Journal**, Madison, v. 101, p. 330-335, 2009.

EVANS, L.T., 1993. **Crop Evolution, Adaptation, and Yield**. Cambridge University Press, Cambridge, Reino Unido.

EMBRAPA. Empresa Brasileira de Pesquisa Agropecuária. CNPAF. Santo Antônio de Goiás, GO. **Zoneamento Agroclimático da Cultura do Arroz de Terras Altas para o Estado de Goiás.** Comunicado Técnico, 4p. 2008

EWERT, F.; RÖTTER, R.P.; BINDI, M.; WEBBER, H.; TRNKA, M.; KERSEBAUM, K.C.; OLESEN, J.E.; VAN ITTERSUM, M.K.; JANSSEN, S.; RIVINGTON, M.; SEMENOV, M.A.; WALLACH, D.; PORTER, J.R.; STEWART, D.; VERHAGEN, J.; GAISER, T.; PALOSUO, T.; TAO, F.; NENDEL, C.; ROGGERO, P.P.; BARTOSOVÁ, L.; ASSENG, S. Crop modelling for integrated assessment of risk to food production from climate change. **Environmental Modelling & Software**, Oxford, v. 72, p. 287-303, 2015.

FAGUNDES, L. **Desenvolvimento, crescimento e produtividade da mandioca em função de datas de plantio.** 2009. 63 f. Dissertação (Mestrado em Agronomia) Universidade Federal de Santa Maria, Santa Maria, 2009.

FAO. Anuário estatístico da FAO de 2013 sobre alimentação e agricultura no mundo. Roma: Organização das *Nações Unidas* para a Alimentação e a Agricultura, 2013. 307 p.

FERREIRA, L.G.B. **Disponibilidade hídrica e produtividade de soja no Oeste do Paraná**. Dissertação de Mestrado, Instituto de Desenvolvimento Rural do Paraná. Londrina, 77 f., 2017

FERREIRA, L.G.B.; CALDANA, N.F.S.; MARTELÓCIO, A.C.; COSTA, A.B.F.; NITSCHE, P.R.; CARAMORI, P.H. Variabilidade pluviométrica e análise de riscos de períodos de seca durante a cultura da soja (*Glycine max* L.) no Oeste do Estado do Paraná, Brasil. **Revista Brasileira de Climatologia** v.27, p.590-611, 2020.

FIALHO, J. de F.; OLIVEIRA, M. A. S.; ALVES, R. T.; PEREIRA, A. V.; JUNQUEIRA, N. T. V.; GOMES, A. C. **Danos do Percevejo-de-Renda na Produtividade da Mandioca no Distrito Federal**. Comunicado técnico - Embrapa Cerrados, n. 48, p. 1-3, 2001.

FISCHER, R. A. Definições e determinação do rendimento das culturas, das lacunas de rendimento e das taxas de variação. **Field Crops Research,** v. 182, p. 9-18, 2015.

FREITAS, M de C, M. A cultura da soja no brasil: o crescimento da produção brasileira e o surgimento de uma nova fronteira agrícola. **Enciclopédia Biosfera**, Centro Científico Conhecer - Goiânia, vol.7, N.12; 2011

GABRIEL, L. F.; STRECK, N. A.; UHLMANN, L. O.; SILVA, M. R.; SILVA, S. D. Mudança climática e seus efeitos na cultura da mandioca. **Revista Brasileira de Engenharia Agrícola e Ambiental**, Campina Grande, v. 18, n. 1, p. 90-98, 2014.

GEDANKEN, A.; MANTOVANI, E. C.; MANTOVANI, B. H. M.; COSTA, L. C.; SANS, L. M. A.; FREITAS, P. S. L. de. Utilização do modelo CERES-Maize para avaliar estratégias de irrigação em duas regiões de Minas Gerais. **Ata Scientiarum. Agronomia**, Maringá, v. 25, n. 2, p. 439-447, 2003.

GETZ, W.M.; GUTIERREZ, A.P. A perspective on systems analysis in crop production and insect pest management. **Annual Review of Entomology**, v.27, p.447, 1982.

GILBERT, M.E.; HOLBROOK, N.M.; ZWIENIECKI, M.A.; SADOK, W.; SINCLAIR, T.R.
Confirmação em campo da variação genética na resposta da transpiração da soja ao déficit de pressão de vapor e compensação fotossintética. **Field Crop Research**, Amsterdão, v. 124, p. 85-92, 2011.

GODFRAY, H. C. J.; BEDDINGTON, J. R.; CRUTE, I. R.; HADDAD, L.; LAWRENCE, D.; MUIR, J. F.; PRETTY, J.; ROBINSON, S.; THOMAS, S. M.;

TOULMIN, C. Food security: the challenge of feeding 9 billion people. **Science,** v. 327, p. 812-818, 2010.

HEATHERLY, L.G. 2005. Desenvolvimento da soja no centro-sul dos EUA relacionado à data de plantio e à classificação de maturidade. www.plantmanagementnetwork.org/cm/.
Crop Manage.:doi: 10.1094/CM-2005-0421-01-RS.

HEINEMANN, A. B.; SENTELHAS, P. C. Identificação de grupos ambientais para a produção de arroz de terras altas no Brasil central. **Scientia Agricola,** v. 68, n. 5, p. 540-547, 2011.

HEINEMANN, A.B.; RAMIREZ-VILLEGAS, J.; SOUZA TLPO, DIDONET, A.D.; DI STEFANO, J.G.; BOOTE, K.J.; JARVIS A. Impacto da seca em áreas de produção de feijão comum de sequeiro no Brasil. **Agricultural and Forest Meteorology** v.225: 57-74, 2016
https://doi.org/10.1016/j.agrformet.2016.05.010

HERRERA CAMPO, B. V.; HYMAN, G.; BELLOTTI, A. Ameaças à produção de mandioca: distribuição geográfica conhecida e potencial de quatro restrições bióticas chave. **Segurança Alimentar**, p. 1-17, 2011.

HOOGENBOOM G, JONES J W, BOOTE K J. Modeling growth, development and yield of grain legumes using SOYGRO, PNUTGRO, and BEANGRO: A review. **Trans ASAE** 35(6)2043-2056, 1992.

HOOGENBOOM G, JONES J W, WILKENS P W, BATCHELOR W D, BOWEN W T, HUNT L A, Pickering N B, Singh U, Godwin D C, Baer B, Boote K J, Ritchie J T, White J W. Crop models. Páginas 94-244 em Tsuji G Y, Uehara G, Balas S (Eds.) DSSAT v3 Vol 2-2. Universidade do Hawaii, Honolulu, HI, 1994

HOOGENBOOM, G. Contribuição da agrometeorologia para a simulação da produção vegetal e suas aplicações. **Agricultural and Forest Meteorology**, n. 103, p. 137-157, 2000.

HU, M.; WIATRAK, P. Effect of Planting Date on Soybean Growth, Yield, and Grain Quality: Review. **Revista Agronomia**. vol.104, 2012.

HUNT, L.A.; BOOTE, K.J. Dados para operação, calibração e avaliação de modelos. In: TSUJI, G.Y.; HOOGENBOOM, G.; THORNTON, K. **Understanding options for agricultural production**. Dordrecht: Kluwer Academic, 1998.

JONES, J.W.; HOOGENBOOM, G.; PORTER, C.H.; BOOTE,K.J.; BATCHELOR, W.D, HUNT, L.A.; WILKENS, W.; SINGH, U.; GIJSMAN AJ.; RITCHIE, J.T. The DSSAT cropping system model. **European Journal of Agronomy** 18(3-4):234-265, 2003 https://doi.org/10.1016/S1161-0301(02)00107-7

JOYCE, L.A.; KICKERT, R.N. Modelos de crescimento vegetal aplicados a pastagens, florestas e culturas. In: WISIOL, K.; HESKETH, J.D. Plant growth modeling for resource management: current models and methods. Boca Raton: CRC Press.v.1, p.141-156, 1987.

KUMAGAI, E.; SAMESHIMA, R. Diferenças genotípicas nas respostas de rendimento da soja a
o aumento da temperatura num clima frio está relacionado com o grupo de maturidade. **Agricultural and Forest Meteorology**, Amesterdão, v. 198/199, p. 265-272, 2014.

KUSS, R.C.R.; KÖING, O.; DUTRA, L.M.C.; BELLÉ, R.A.; ROGGIA, S.; STURMER,
G.R. Populações de plantas e estratégias de manejo de irrigação na cultura da soja. **Ciência Rural,** Santa Maria, v. 38, p. 1133-1137, 2008.

LAHAI, M. T.; GEORGE, J. B.; EKANAYAKE, I. J. Cassava (*Manihot esculenta* Crantz) growth indices, root yield and its components in upland and inland valley ecologies of Sierra Leone. **Journal of Agronomy and Crop Science**, v. 182, n. 4, p. 239-248, 1999.

LEHMANN, N.; FINGER, R.; KLEIN, T.; CALANCA, P.; WALTER, A. Adaptação das práticas de gestão das culturas às alterações climáticas: modelação de soluções óptimas à escala do campo.
Agricultural Systems, Essex, v. 117, p. 55-65, 2013.

LIU, Z.; YANG, X.; LIN, X.; HUBBARD, K.G.; LV, S.; WANG, J. Lacunas de rendimento do milho causadas por factores não controláveis, agronómicos e socioeconómicos num clima em mudança do Nordeste da China. **Science of the Total Environment** v. 541, p. 756-764, 2016.

LOBELL, D. B., CASSMAN, K. G.; FIELD, C. B. Crop yield gaps: their importance, magnitudes, and causes. **Annual Review of Environment and Resources**, v. 34, p. 179-204, 2009.

MARTINS, M. A. **Estimativa de produtividade das culturas do milho e do sorgo a partir de modelos agrometeorológicos em algumas localidades da região nordeste do Brasil**. 2012. 97 f. Dissertação (Mestrado em Meteorologia) Instituto Nacional de Pesquisa Espaciais - INPE, São José dos Campos, 2012.

MARTINS, J. A. et al. Climatologia de tempestades destrutivas de granizo no Brasil. **Atmospheric Research**, v. 184, p. 126-138, 2017.

MATTHEWS, R.B., RIVINGTON, M., MUHAMMED, S., NEWTON, A.C., HALLETT,
P.D. Adaptação de culturas e sistemas de cultivo a climas futuros para garantir a segurança alimentar: o papel da modelação de culturas. **Global Food Security**, Amesterdão, v. 2, p. 24-28, 2013.

MATTOS, P. D.; CARDOSO, E. Cultivo da Mandioca para o Estado do Pará. **Cultivo da mandioca para o Estado do Pará,** v. 13, 2003.

MEOTTI, G.V.; BENIN, G.; SILVA, R.R.; BECHE, E.; MUNARO, L.B. Épocas de semeadura e desempenho agronômico de cultivares de soja. **Pesquisa Agropecuária Brasileira**, v.4, p.14-21, 2012.

MONTEITH, J.L. Solar-radiation and productivity in tropical ecosystems (Radiação solar e produtividade em ecossistemas tropicais). **J. Appl. Ecol**. 9:747-766, 1972 doi:10.2307/2401901

MORAES, A. V. de C.; CAMARGO, M. B. P. de; MASCARENHAS, H. A. A.; MIRANDA, M. A. C. de; PEREIRA, J. C. V. N. A. Teste e análise de modelos agrometeorológicos de estimativa de produtividade para a cultura da soja na região de Ribeirão Preto. **Bragantia**, Campinas, v. 57, n. 2, 1998.

MORETO, V. B.; ROLIM, G. S. Estimativa da produtividade anual e qualidade da laranja 'Valência' relacionada à deficiência hídrica mensal. **African Journal of Agricultural Research**, v. 10, n. 6, p. 543-553, 2015.

NAKAGAWA, J.; ROSOLEM, C.A.; MACHADO, J.R. Épocas de semeadura de soja: Efeitos na produção de grãos e nos componentes de produção. **Pesq. agropec. bras**., Brasília, 18(l1):1187-1198,nov. 1983

NENDEL, C.; KERSEBAUM, K.C.; MIRSCHELW, WENKEL, K.O opções de gestão como estratégias de adaptação às alterações climáticas utilizando o modelo MONICA. **Jornal Europeu de Agronomia** 52:47-56, 2014 https://doi.org/10.1016/j.eja.2012.09.005

NITSCHE, P. R. et al. **Atlas Climático do Estado do Paraná.** 2019. Disponível em: < https://www.idrparana.pr.gov.br/Pagina/Atlas-Climatico>

OLIVEIRA, S. L.; MACÊDO, M. M. C.; PORTO, M. C. M. Efeito do déficit de água na produção de raízes de mandioca. **Pesquisa Agropecuária Brasileira**, Brasília, v. 17, n. 1, p. 121-124, 1982.

OLIVEIRA, R. A.; SANTOS, R. S. dos; RIBEIRO, A.; ZOLNIER, S.; BARBOSA, M. H. P. Estimativa da produtividade da cana-de-açúcar para as principais regiões produtoras de Minas Gerais usando-se o método ZAE. **Revista Brasileira de Engenharia Agrícola Ambiental**, v. 16, n. 5, p. 549-557, 2012.

ONU. Nações Unidas, departamento de assuntos económicos e sociais. Nações Unidas, Divisão da População, Secção de Estimativas e Projecções da População, 2021.

PALOSUO, T.; KERSEBAUM, K.C.; ANGULO, C.; HLAVINKA, P.; MORIONDO, M.;
OLESEN, J.E.; PATIL, R.H.; RUGET, F.; RUMBAUR, C.; TAKÁC, J.; TRNKA, M.;

BINDI, M.; CALDAG, C.; EWERT, F.; FERRISE, R.; MIRSCHEL, W.; SAYLAN, L.;
SISKA, B.; RÖTTER, R. Simulação do rendimento do trigo de inverno e da sua variabilidade em diferentes
climas da Europa: uma comparação de oito modelos de crescimento de culturas. **Jornal Europeu de**
Agronomia, Amesterdão, v. 35, p. 103-114, 2011.

PATHMESWARAN, C. et al. Impacto de eventos climáticos extremos na produtividade do coco em três zonas climáticas do Sri Lanka. **European Journal of Agronomy**, v. 96, p. 47-53, 2018.

PEART, R.M.; BARRET JR., J.R. Simulação na gestão de ecossistemas agrícolas. In: **Conferência de simulação de inverno. conselhos de simulação**, La Jolla. Actas. p.389, 1976.

PEDERSEN, P.; J.G. LAUER. 2003. Soybean agronomic response to management systems in the upper Midwest. **Agron. J**. 95:1146-1151. doi:10.2134/agronj2003.1146

PEREIRA, A. R.; ANGELOCCI, L. R.; SENTELHAS, P. C. **Agrometeorologia: Fundamentos e Aplicações Práticas**. Guaíba: Ed. Agropecuária, 2002. 478p.

PONTI, T.; RIJK, B.; VAN ITTERSUM, M. K. The crop yield gap between organic and conventional agriculture. **Agricultural Systems,** v. 108, p. 1-9, 2012.

POPP, M. P.; DILLON, C. R.; KEISLING, T. C. Influências econômicas e climáticas nas estratégias de plantio de soja em solos pesados. **Agricultural Systems**, v. 76, n. 3, p. 969-984, 2003.

PRADO, I. N. Avaliação produtiva e econômica da substituição do milho por subprodutos industriais da mandioca na terminação de novilhas. **Campo Digital**, Campo Mourão, v. 1, n. 1, p. 37-47, 2006.

PRIESTLEY, C.H.B.; TAYLOR, R. J. On the assessment of surface heart flux and evaporation using large-scale parameters. **Monthly Weather Review** v.100, 81-92, 1972

PURCELL, L.C., R.A. BALL, J.D. REAPER, AND E.D. VORIES. Radiation use efficiency and biomass production in soybean at different plant population densities (Eficiência do uso da radiação e produção de biomassa na soja em diferentes densidades populacionais de plantas). **Crop Sci**. 42:172-177, 2002. doi:10.2135/cropsci2002.0172

RAHMAN, M.M., J.G. HAMPTON, M.J. HILL. 2005. O efeito da época de sementeira na qualidade das sementes de soja. **Seed Sci. Technol**. 33:687-697.

REYNOLDS, J. F. Some misconceptions of mathematical modeling. **What's New Plant Physiology**, v. 10, n. 11, p. 41-44, 1979.

RICCE, W. da S. et al. Zoneamento agroclimático da cultura do abacaxizeiro no Estado do Paraná. **Semina: Ciências Agrárias**, v. 35, n. 4, p. 2337-2346, 2013.

RITCHIE, J.T. **Soil water balance and plant water stress (Balanço hídrico do solo e stress hídrico das plantas)**. In: Tsuji GY, Hoogenboom G, Thornton K (eds) Understanding options of agricultural production. Kluwer Academic Publishers e International Consortium for Agricultural Systems Applications, Dordrecht, Países Baixos, pp 41-53, 1998. https://doi.org/10.1007/978-94-017-3624-4_3

SAATH, K. C. de O.; FACHINELLO, A. L. Crescimento da Demanda Mundial de Alimentos e Restrições do Fator Terra no Brasil. **Revista de Economia e Sociologia Rural**, Brasília, v. 56, n. 2, p. 195-212, 2014.

SAKAMOTO, C.; Le DUC, S. Sense and nonsense: statistical crop growth and yield models. In: WEISS, A. (Ed.) **Computer techniques and meteorological data applied to problems of agriculture and forestry**: workshop. Boston: American Meteorological Society, 1981. 185p.

SANTI, A. et al. Impacto de cenários futuros de clima no zoneamento agroclimático do trigo na região Sul do Brasil. **Agrometeoros**, v. 25, n. 2, p. 303-311, 2018.

SAMPAIO, L.S.; BATTISTI, R.; LANA, M.A.; BOOTE, J.K. Avaliação de datas de semeadura e densidades de plantas usando CSMCROPGRO-Soybean para grupos de maturidade de soja em baixa latitude. **O Jornal de Ciências Agrárias** 1-14, 2021
https://doi.org/
10.1017/S0021859621000204

SANTOS, T.G.; BATTISTI, R.; CASAROLI, D.; ALVES JÚNIOR, J.; EVANGELISTA, A.W.P. Avaliação da eficiência agrícola e do hiato de produtividade da soja no bioma Cerrado Central brasileiro. **Bragantia**, Campinas, 80, 2021
https://doi.org/10.1590/1678-4499.20200352

SCHIMITT, A. T. Principais insetos pragas da mandioca e seu controle. In: CEREDA, M. P. **Agricultura: tuberosas amiláceas latino-americanas**. São Paulo: Fundação Cargill, 2002. p. 350-369.

SENTELHAS, P.; BATTISTI, R.; CÂMARA, G. M. S.; FARIAS, J. R. B.; HAMPF, A. C.; NENDEL, C. The soybean yield gap in Brazil-magnitude, causas e possíveis soluções para uma produção sustentável. **Revista de Ciências Agrárias**, p. 1-18, 2015.

SENTELHAS, P. C.; BATTISTI, R.; MONTEIRO, L. A.; DUARTE, Y. C. N.; VISSES, F. A. Yield gap: conceitos, definições e exemplos. **Informações Agronômicas**, Piracicaba, International Plant Nutrition Institute, n. 155, p. 9-12, 2016. Disponível em: <http://www.ipni.net/publication/ia-brasil.nsf/0/9C05063FB033C24A83258042004C85 94/>. Acesso em: 28 de set. de 2020.

SILVESTRE, M. R. et al. Critérios estatísticos para definir anos padrão: uma contribuição à climatologia geográfica. **Revista Formação**, v. 2, n. 20, p. 23-53, 2013.

SINCLAIR, T.R.; MESSINA, C.D.; BEATTY, A.; SAMPLES, M. Assessment across the
Estados Unidos dos benefícios de traços alterados de seca da soja. **Agronomy Journal,** Madison, v. 102, p. 475-482, 2010.

SERVIÇO DE CONSERVAÇÃO DO SOLO (SCS). **National engineering handbook**. Hydrology Section 4, Chapters 4/10, 1972.

SOUZA, R. C. de. **Avaliação do potencial agronômico de cultivares de mandioca oriundas do nordeste brasileiro.** 2017, 31 f. Dissertação (Mestrado Profissional em Olericultura) Instituto Federal de Educação, Ciência e Tecnologia Goiano, Morrinhos, 2017.

SOUZA, D. C. F. et al. Zoneamento Agroclimático da Palma Forrageira (Opuntia Sp) Para o Estado de Sergipe. **Revista Brasileira de Agricultura Irrigada**, v. 12, n. 1, p. 2338, 2018.

SPEHAR, C.R; FRANCISCO, E.R E PEREIRA, E.A (2015) Estabilidade de produtividade de cultivares de soja em resposta à data de semeadura no cerrado brasileiro de baixa latitude. **Revista de Ciências Agrárias** 153, 1059-1068.

STRECK, N. A.; PINHEIRO, D. G.; ZANON, A. J.; GABRIEL, L. F.; ROCHA, T. S. M.; SOUZA, A. T.; da SILVA, M. R. Efeito do espaçamento de plantio no crescimento, desenvolvimento e produtividade da mandioca em ambiente subtropical. **Bragantia**, Campinas, v. 73, n. 4, p. 407-415, 2014.

SULEIMAN, A.A.; RITCHIE, J.T. Modelling soil water redistribution during second-stage evaporation. **Soil Science Society of American Journal**. v. 67(2):377-386, 2003. https://doi.org/10.2136/sssaj2003.3770

TAKATSU, A.; FUKUDA, C. Situação atual das doenças da mandioca no Brasil. In: **Integrated pest management for tropical root and tuber crops: proceedings of the workshop on the global status of and prospects for integrated pest management of root and tuber crops in the tropics held in Ibadan, Nigeria**. Ibadan, Nigéria: Instituto Internacional de Agricultura Tropical, 1990. p. 127-134.

TAYT'SOHN, F. C. O. Avaliando a expansão da cana-de-açúcar para a produção de etanol sob cenários de mudanças climáticas na bacia do rio Paranaíba-Brasil. **Biomassa e Bioenergia**, v. 119, p. 436-445, 2018.

TEIXEIRA, W.W.R.; BATTISTI, R.; SENTELHAS, P.C.; MORAES, M. F de.; OLIVEIRA JÚNIOR. Avaliação da incerteza de falhas de produtividade de sementes de soja utilizando o DSSATCSM- CROPGRO-Soybean calibrado por grupos de maturidade de cultivares. **Journal of Agronomy and Crop Science** (Wiley), n.205, p.533-544, 2018.

TEIXEIRA, W.W.R; BATTISTI, R; SENTELHAS, P.C, DE MORAES MF e de OLIVEIRA JUNIOR A. Avaliação da incerteza dos gaps de produtividade da soja utilizando o DSSAT-CSM-CROPGRO-soybean calibrado por grupos de maturidade de cultivares. **Journal of Agronomy and Crop Science** 205, 1-12, 2019.

THORNTHWAITE, C. W.; MATHER, J. R. The water balance. Centerton, EUA: Drexel Institute of Technology - Laboratory of Climatology, 1955. 104 p. (Publicações em Climatologia, vol. VIII, n.1).

TREMACOLDI, C. R. Manejo das principais doenças da cultura da mandioca no estado do Pará. In: MODESTO JUNIOR, M. S.; ALVES, R. N. B. **Cultura da mandioca: aspectos socioeconômicos, melhoramento genético, sistemas de cultivo, manejo de pragas e doenças e agroindústria**. 1. ed. Brasília: Embrapa, 2016. cap. 9. p. 162-170.

TSUJI, G.Y.; HOOGENBOON, G.; THORTON, P.K. **Understanding options for agricultural production**. Springer Science, 404 p., 1998

USDA - UNITED STATES DEPARTAMENT OF AGRICULTURE: Divisão de Avaliação da Produção Internacional. Produção brasileira de soja, 2023 <https://ipad.fas.usda.gov/countrysummary/Default.aspx?id=BR&crop=Soybean >

VALLE, T. L.; CARVALHO, C. R. L.; RAMOS, M. T. B.; MÜHLEN, G. S.; VILLELA, O. V. Teor de cianetos e ácidos em progênies provenientes de cruzamentos de cultivares de mandioca amarga e doce. **Bragantia**, Campinas, v. 63, n. 2, p. 221-226, 2004.

VALLE, T. L.; FELTRAN, J. C.; CARVALHO, C. R. L. **Mandioca para produção de etanol**. Disponível em: < https://www.agencia.cnptia.embrapa.br/Repositorio/ mandiocaetanol2_000g7fa3wbe0 2wx5ok0wtedt3i5fuc84.pdf >. Acesso em: 20 set. 2020.

VAN ITTERSUM, MARTIN K.; CASSMANB, K. G.; GRASSINI, P. B.; JOOST W. A.; TITTONELLI, P. C.; HOCHMAND, Z. Yield gap analysis with local to global relevance - a review. **Field Crops Research**, v. 143, p. 4-17, 2013.

VAN ROEKEL RJ, PURCELL LC E SALMERÓN M (2015) Fatores fisiológicos e de manejo que contribuem para o rendimento potencial da soja. **Pesquisa de Culturas de Campo** 182, 86-97.

VAZQUEZ, G.H.; PERES, A.R.; TARSITANO, M.A.A. Redução na população de plantas de soja e o retorno econômico na produção de grãos. **Cientifica**, Jaboticabal, v. 42, p. 108-117, 2014.

WALLACH, D.; MAKOWSKI, D.; JONES, J.W. **Working with dynamic crop models:** avaliação, análise, parametrização e aplicação. Amsterdam: Elsevier, 2006. 447 p.

WEAVER, D.B., R.L. AKRIDGE, E C.A. THOMAS. Hábito de crescimento, data de plantio e efeitos do espaçamento entre linhas na soja plantada tardiamente. **Crop Sci**. 31:805-810. 1991 doi:10.2135/ cropsci1991.0011183X003100030052x

WILLMOTT, C. J., ACKLESON, S. G., DAVIS, R. E., FEDDEMA, J. J., KLINK, K. M., LEGATES, D. R., O'DONNELL, J.; ROWE, C.M.. Statistics for the evaluation and comparison of models. **Journal of Geophysical Research**: v. 90, p. 8995-9005, 1985

WHITE, J.W.; HOOGENBOOM, G.; KIMBALL, B.A.; WALL, G.W. Methodologies for simulating impacts of climate change on crop production. **Field Crops Research**, Amesterdão, v. 124, p. 357-368, 2011.

WIRÉHN, L. Nordic agriculture under climate change: Uma revisão sistemática dos desafios, oportunidades e estratégias de adaptação para a produção agrícola. **Política de uso da terra**, v. 77, p. 63-74, 2018

ZANON, A.J.; STRECKNA, GRASSINI P. Factores climáticos e de gestão influenciam o potencial de rendimento da soja num ambiente subtropical. **Agronomy Journal** 104(4):1447-1454, 2016. https://doi.org/10.2134/agronj2015.0535

ZDZIARSKI, AD; TODESCHINI, M.H; MILIOLI AS; WOYANN LG; MADUREIRA A, STOCO MG E BENIN G (2018) Grupos-chave de maturidade da soja para aumentar o rendimento de grãos no Brasil. **Crop Science** 58, 1155-1165.

ZHANG, L.; WALKER, G. R.; DAWES, W. R. Modelação do balanço hídrico: Conceitos e aplicações. In: MEVICAR, T. R.; RUI, L.; WALKER, J.; FITZPATRICK, R. W.; CHANGMING, L. Regional Water and Soil Assessment for Managing Sustainable Agriculture in China and Australia. **ACIAR**, Camberra, p. 31-47, 2002.

ZHANG, Q.Y., Q.L. GAO, S.J. HERBERT, Y.S. LI, E A.M. HASHEMI. Influência da data de sementeira nos estádios fenológicos, no crescimento das sementes e no rendimento comercial de quatro cultivares de soja vegetal no nordeste dos EUA. **African J. Agric. Res**. 5:2556-2562, 2010

More Books!
yes
I want morebooks!
Buy your books fast and straightforward online - at one of world's fastest growing online book stores! Environmentally sound due to Print-on-Demand technologies.
Buy your books online at
www.morebooks.shop
Compre os seus livros mais rápido e diretamente na internet, em uma das livrarias on-line com o maior crescimento no mundo! Produção que protege o meio ambiente através das tecnologias de impressão sob demanda.
Compre os seus livros on-line em
www.morebooks.shop
info@omniscriptum.com
www.omniscriptum.com
OMNIScriptum

MIX
Papier aus verantwortungsvollen Quellen
Paper from responsible sources
FSC® C105338

Printed by Books on Demand GmbH, Norderstedt / Germany